浙江省普通高校"十三五"新形态教材

Java Web
开发技术与实践

第2版

汪诚波 **主编** / 宋光慧 **副主编**

清华大学出版社

北京

内 容 简 介

本书在第 1 版的基础上进行了全面修订。全书共 10 章,主要内容包括 3 部分:一是 Servlet 技术体系,属于基础知识,包括 Servlet/JSP、内置对象技术与 JDBC 技术规范;二是主流开发框架技术,包括 Spring、SpringMVC、Spring Boot 以及 MyBatis;三是基于 MVC 以及多层架构的软件工程技术。后两部分紧密结合,互为补充与说明。本书还介绍了前端与服务器端紧密相关的技术,主要包括 JSON 数据格式及其处理技术以及 Vue+Axios 技术。本书以登录与注册、动态表格与增删改查、分页、文件上传等 Web 项目中的经典问题的解决展开,在介绍相关技术的同时,展现软件开发的实际过程。

本书不仅适合作为应用型本科教材,也可供 Web 开发爱好者自学者及工程技术人员参考。

图书在版编目(CIP)数据

Java Web 开发技术与实践/汪诚波主编. —2 版. —北京:清华大学出版社,2021.9(2023.1 重印)
ISBN 978-7-302-59115-3

Ⅰ. ①J… Ⅱ. ①汪… Ⅲ. ①JAVA 语言—程序设计 Ⅳ. ①TP312.8

中国版本图书馆 CIP 数据核字(2021)第 182120 号

责任编辑:张瑞庆　战晓雷
封面设计:常雪影
责任校对:徐俊伟
责任印制:宋　林

出版发行:清华大学出版社
　　　　网　　　址:http://www.tup.com.cn,http://www.wqbook.com
　　　　地　　　址:北京清华大学学研大厦 A 座　　　　　　邮　　编:100084
　　　　社 总 机:010-83470000　　　　　　　　　　　　　邮　　购:010-62786544
　　　　投稿与读者服务:010-62776969,c-service@tup.tsinghua.edu.cn
　　　　质量反馈:010-62772015,zhiliang@tup.tsinghua.edu.cn
　　　　课件下载:http://www.tup.com.cn,010-83470236
印 装 者:三河市龙大印装有限公司
经　　销:全国新华书店
开　　本:185mm×260mm　　　印　张:14.75　　　字　数:332 千字
版　　次:2018 年 9 月第 1 版　2021 年 10 月第 2 版　　印　次:2023 年 1 月第 3 次印刷
定　　价:43.90 元

产品编号:093080-01

前言

  本书是作者在多年教学与科研项目实践的基础上,按照应用型本科院校的人才培养目标和基本要求编写的。本书在全面讲解 Java Web 技术体系的同时,从工程实践出发,强调知识的实际运用能力。本书不采用传统本科教材以抽象的表达式或者无实用价值的例子解析软件工程理论的方式,也不采用高职教材典型的案例详解方式,而是把软件工程理论、面向对象程序设计思想等融合在案例中,以更高的视角审视、分析案例,通过对具有实用价值的案例的剖析,使学习者掌握基本概念、基本原理及技术规范,同时也力求使案例起到举一反三的作用。

  技术本身无所谓先进与落后,只有适用与不适用。一个工程项目采用何种解决方案,是没有标准模式的。Java Web 开发的技术规范及原理并不复杂,但是要掌握及灵活运用这些技术并不容易。软件开发存在着一般规律和原则。如何应用软件开发的一般规律和原则分析实际问题,理解实际开发过程中涉及的各项技术及规范,最终熟练掌握相关技术,是本书的侧重点。本书尽可能把各种解决方案及其优缺点呈现在学习者面前,以帮助学习者从较高的层次理解各项技术。

  本书全面介绍 Java Web 开发技术,重点讲解以下内容:Ajax 与 JSON 技术、Servlet 与 JSP 技术、主流的开发框架(Spring、SpringMVC、Spring Boot 和 MyBatis)。对于 Web 项目中的一些经典问题,本书采用的组织方式是:首先对问题进行抽象,以获取技术方案;其次对各个技术方案进行特点分析,以选择适当的技术方案。本书是计算机应用技术方面的专业教材,要求学习者具有一定的计算机专业基础知识。

  限于作者水平,本书难免存在某些不足,恳请广大读者批评指正。

作　者

2021 年 8 月

目录

目录

目录

目录

目录

目录

目录

第1章　Web 应用概述

随着"互联网+"时代的到来,基于 Web 的开发技术方兴未艾。本章首先介绍基于 Web 的应用软件开发的原理和相关概念,然后对几种主要的动态页面技术进行逐一介绍并加以对比,最后对 Web 应用开发环境进行介绍。

1.1　网络应用分类

网络应用从架构上可分为 C/S 模式和 B/S 模式两大类。

(1) C/S(Client/Server,客户/服务器)模式。本地机需要下载和安装客户端软件,同时需要服务器软件,如 QQ、围棋游戏等。智能手机的原生 App 也属于 C/S 模式的应用。

(2) B/S(Browser/Server,浏览器/服务器)模式。一些大型网站(例如电商类的淘宝、京东,社交媒体类的脸书、新浪微博等)的应用通过浏览器访问,被称作基于 Web 的应用,简称 Web 应用。B/S 模式应用的特点是统一发布,升级维护方便。

1.2　B/S 系统基础知识

1.2.1　HTTP

超文本传输协议(HyperText Transfer Protocol,HTTP)是互联网上应用最广泛的网络协议。所有的 3W 文件都必须遵守这个标准。HTTP 最初的设计目的是提供一种发布和接收 HTML 页面的方法。

HTTP 是应用层协议,是客户端的浏览器或其他程序与 Web 服务器之间的应用层通信协议,在互联网上的 Web 服务器中存放的都是超文本信息,客户端和服务器之间需要通过

HTTP 传输要访问的超文本信息。HTTP 包含命令和传输信息,不仅可用于 Web 访问,也可以用于其他互联网/内联网应用系统之间的通信,从而实现各类应用资源超媒体访问的集成。

该协议是在 TCP/IP 的基础上开发的,是一种无响应协议。简单地说,HTTP 的通信过程如下:客户端发起请求;服务器收到请求后并把相关资源发回客户端,立刻关闭连接并释放资源。也正因为如此,HTTP 通常被理解为无状态的协议。这样做的主要原因是:同时在线的人数会很多,如果所有客户端都与服务器保持连接状态,服务器会承受相当大的并发压力。

1.2.2　静态页面与动态页面

静态页面一般是由 HTML 元素构成的,有的还包含浏览器能解析执行的脚本代码(如 JavaScript 代码),可以直接用本地的浏览器打开。在 B/S 架构中,客户端浏览器通过 HTTP 从服务器获得相应资源,其原理如图 1.1 所示,需要 Web 服务器(如 Apache)提供后台支撑。

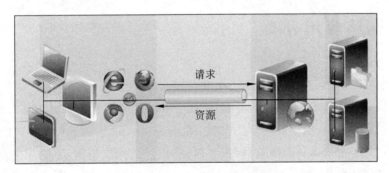

图 1.1　B/S 架构的通信原理

动态页面的内容一般是由服务器端程序生成的,不同用户、不同时间访问同一页面,显示的内容都可能不同。网页设计者在写好服务器端程序后,不需要手工控制,页面内容会按照服务器端程序的安排自动生成。其中应用了动态网页技术,一般需要 Web 服务器和应用服务器(如 Tomcat)提供支撑。

1.2.3　Web 服务器与应用服务器

Web 服务器是可以向发出请求的浏览器提供文档(一般指的是 HTML 文档)的程序。它是一种被动程序,只有当互联网上其他计算机中的浏览器发出请求时,服务器才会响应。最常用的 Web 服务器是 Apache 和微软公司的互联网信息服务器(Internet Information Services,IIS)。

Web 服务器的基本功能就是提供 Web 信息浏览服务,它支持 HTTP、HTML 文档格式及 URL 服务,通过接收用户的请求并向客户浏览器返回 HTML 文档等来实现。

Web 服务器一般只支持静态页面技术;对于动态页面,一般需要应用服务器技术的支持。

根据微软公司的定义,应用服务器是作为服务器执行共享业务应用程序的底层系统软件。就像文件服务器为很多用户提供文件一样,应用程序服务器可以让多个用户同时使用同一个应用程序,它处理的是非常规的动态页面。

有些服务器同时具有 Web 服务器和应用服务器的功能。例如,Tomcat 在 MVC 编程模式下被称作轻量级应用服务器,它同时支持 Web 服务功能。以用户登录为例,页面迁移及业务流程如图 1-2 所示。

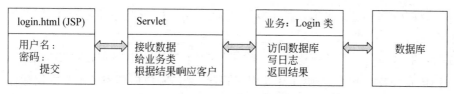

图 1-2　页面迁移图

Web 应用架构如图 1-3 所示。

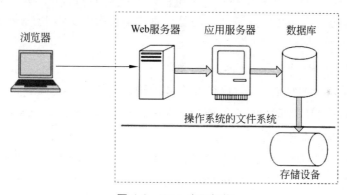

图 1-3　Web 应用架构

1.3 动态页面技术概述

1.3.1 ASP 及 ASP.NET 技术

ASP 是 Active Server Page 的缩写,意为动态服务器页面,是一个基于 Web 服务器端的开发技术,利用它可以产生和执行动态的、互动的、高性能的 Web 应用程序。ASP 是微软公司开发的代替 CGI 脚本程序的一种应用程序。它采用脚本语言 VBScript 作为开发语言,借助于 COM＋技术,几乎可以实现 C/S 应用程序的所有功能。另外,ASP 可通过 ADO (ActiveX Data Object,ActiveX 数据对象,是微软公司提出的一个高效访问数据库的技术) 实现对各类数据库的访问。ASP 技术由于语法简单、功能实用,再加上微软公司的整合和支持,在 20 世纪 90 年代成为 Web 应用开发的主流技术之一。

2002 年以后,微软公司提出了全新的 ASP.NET,虽然名字中包含 ASP,但是它与 ASP 的编程模式完全不同。ASP.NET 是微软公司.NET 的一部分,作为战略产品,它不仅是 ASP 的下一个版本,而且提供了统一的 Web 开发模型,其中包括开发人员生成企业级 Web 应用所需的各种服务。ASP.NET 的语法在很大程度上与 ASP 兼容,同时它还提供了新的编程模型和结构,可生成伸缩性和稳定性更好的应用程序,并提供更好的安全保护。可以通过在现有 ASP 应用程序中逐渐添加 ASP.NET 功能,随时增强 ASP 应用程序的功能。

ASP.NET 是一个已编译的基于.NET 的技术环境,可以用任何与.NET 兼容的语言(包括 Visual Basic、.NET 和 C♯)协同开发应用程序。另外,任何 ASP.NET 应用程序都可以使用整个.NET Framework。开发人员可以方便地获得这些技术的支持,其中包括托管的公共语言运行库环境、类型安全、继承等。

微软公司为 ASP.NET 设计了这样一些策略:易于写出结构清晰的代码,代码易于重用和共享,可用编译类语言编写,等等,其目的是让程序员更容易开发出 Web 应用,满足应用向 Web 转移的战略需要。

与 ASP 相比,ASP.NET 具有明显的优势。

(1) 程序代码和网页内容分离,使得开发和维护简单方便。代码后置(code-behind)技术将程序代码和 HTML 标记分离在不同的文件中。通过引入服务器端空间,并加入事件的概念,从而改变了脚本语言编写模式。

(2) 语言支持能力大大提高。ASP.NET 支持完整的 Visual Basic,而不是 VBScript 脚本语言,此外还支持面向对象的 C♯ 和 C++ 语言。

(3) 执行效率大幅提高。ASP.NET 是编译执行的,比 ASP 的解释执行在速度方面快了很多,并且提供了快速存取(caching)的能力。

(4) 易于配置。通过纯文本文件就可完成对 ASP.NET 的配置,配置文件可在应用程序运行时上传和修改,无须重启服务器。也没有 metabase 和注册方面的难题。

(5) 安全性更高。ASP.NET 改变了 ASP 单一的基于 Windows 身份认证方式,增加了 Forms 和 Passport 两种身份认证方式。

ASP.NET 不完全兼容早期的 ASP 版本,大部分旧的 ASP 代码需要修改才能在 ASP.NET 技术环境下运行。为了解决这个问题,ASP.NET 使用了一个新的文件后缀——.aspx,这样就使 ASP.NET 应用程序与 ASP 应用程序能够运行在同一个服务器上。

以下给出一个 ASP.NET 代码示例。

例 1-1 ASP.NET 代码示例。

```
<script runat="server">
Sub Page_Load
    response.write("Hello ASP.NET world!")
End Sub
</script>
<html>
    <body>
    </body>
</html>
```

输出结果为

```
Hello ASP.NET world!
```

1.3.2 PHP 技术

PHP(Hypertext Preprocessor,超文本预处理语言)是 HTML 内嵌式语言,是在服务器端执行的嵌入 HTML 文档的脚本语言,其语言风格类似于 C 语言,得到广泛运用。

PHP 独特的语法混合了 C、Java、Perl 等语言的语法以及 PHP 自创的新语法。它可以比 CGI 或者 Perl 更快速地执行动态网页。在制作动态页面时,PHP 将程序嵌入 HTML 文档中执行,执行效率比完全生成 HTML 标记的 CGI 要高许多。PHP 还可以执行编译后的代码,编译时可以实现加密和优化,使代码运行得更快。PHP 具有非常强大的功能,CGI 的所有功能在 PHP 中都能实现,而且 PHP 支持几乎所有流行的数据库以及操作系统。PHP 运行的典型环境是 Apache+MySQL+PHP。其中,Apache 是世界使用量排名第一的 Web 服务器软件,可以运行在几乎所有广泛使用的计算机平台上,由于其跨平台和安全性而得到广泛使用,是最流行的 Web 服务器端软件之一。

PHP 的技术特点如下:

(1) 开源免费。所有的 PHP 源代码都可以得到,PHP 相关的开发工具和运行环境大都免费。

(2) 强大的字符串处理能力。开发快,程序运行快,技术上手快。

(3) 嵌入 HTML。当用户使用经典程序设计语言(如 C 或 Pascal)编程时,所有代码必须编译成一个可执行文件,该可执行文件在运行时为远程的 Web 浏览器产生可显示的 HTML 标记。而 PHP 并不需要编译(至少不用编译成可执行文件)。用户可以把自己的代码混合到 HTML 文档中。

(4) 跨平台性强。PHP 是运行在服务器端的脚本语言,可以运行在 UNIX、Linux、Windows 等操作系统下。

(5) 效率较高。和其他解释性语言相比,PHP 消耗的系统资源较少。当 PHP 作为

Apache Web 服务器的一部分时,运行代码不需要调外部二进制程序,服务器解释脚本没有任何额外负担。

(6) 数据库支持。用户可以使用 PHP 存取 Oracle、Sybase、SQL Server、Adabase D、MySQL、mSQL、PostgreSQL、dBASE、FilePro、dbm、Informix/Illustra 等类型的数据库以及任何支持 ODBC(Open Database Connectivity,开放数据库连接)标准的数据库系统。

(7) 面向对象。在 PHP 4 和 PHP 5 中,面向对象特性都有了很大的改进。现在 PHP 完全可以用来开发大型商业程序。

PHP 的脚本块以"<?php"开始,以"?>"结束。应用程序可以把 PHP 的脚本块放置在 HTML 文档中的任何位置。PHP 文件通常会包含 HTML 标签,整体上就像一个 HTML 文件,内部包括一些 PHP 脚本块。

以下给出一个用 PHP 语言编写的简单页面示例。

例 1-2　用 PHP 编写的页面示例。

```
<html>
    <body>
        <?php
            echo "Hello PHP world!"
        ?>
    </body>
</html>
```

输出结果为

```
Hello PHP world!
```

1.3.3　Servlet/JSP 技术

Servlet/JSP 技术是 Sun 公司倡导的动态网页技术,为 Web 开发者提供了快速、简单地创建 Web 动态内容的能力。Servlet 是一种能够扩展和加强 Web 服务器能力的 Java 平台技术,提供了基于组件的、与平台独立的方法来创建 Web 应用程序。Servlet 组件部署在服务器端,作为客户端(Web 浏览器)与服务器的中间层,由 Web 服务器进行加载,该 Web 服务器必须包含支持 Servlet 的 Java 虚拟机。与 CGI 应用不一样,Web 服务器在加载 Servlet 组件时不会创建新的进程,而是分配线程,从而避免了 CGI 应用程序的性能缺陷。

Servlet 是用 Java 语言编写的、运行于服务器端的应用程序。Java Servlet API 为 Servlet 提供了统一的编程接口。Servlet 是用 Java Servlet API 开发的一个标准的 Java 扩展,但不是 Java 核心框架的一部分。所有的 Servlet 都必须实现 javax.servlet.Servlet 接口。大多数 Servlet 是针对用 HTTP 的 Web 服务器,因此,开发 Servlet 的通用办法就是使用 javax.servlet.http.HttpServlet 类。HttpServlet 类通过扩展 GenericServlet 基类继承

Servlet 接口，提供了处理 HTTP 的功能。它的 service()方法支持标准 HTTP/1.1，用于处理 HTTP 请求和响应。例如，当客户端发送请求至服务器时，服务器将请求信息发送至 Servlet，Servlet 生成响应内容并将其传给服务器，响应内容是动态生成的，通常取决于客户端的请求，最后由服务器将响应内容返回给客户端。

  Servlet 的优点在于提供了大量的实用工具例程，例如自动解析和解码 HTML 表单数据、读取和设置 HTTP 头、处理 Cookie、跟踪会话状态等。用 HttpServlet 指定的类编写的 Servlet 可以多线程并发运行 service()方法，调用 doGet()和 doPost()等方法处理客户端的请求和响应。Servlet 还能够在各个程序之间共享数据，使得数据库连接池等功能很容易实现。Servlet 用 Java 编写，可移植性好。几乎所有的主流服务器都直接或通过插件支持 Servlet。

  以下给出一个简单的 Servlet 示例。

  例 1-3 Servlet 示例。

```
import java.io.IOException;
import java.io.PrintWriter;
import javax.servlet.ServletException;
import javax.servlet.http.HttpServlet;
import javax.servlet.http.HttpServletRequest;
import javax.servlet.http.HttpServletResponse;
public class testServlet extends HttpServlet {
    public testServlet() {
        super();
    }
    public void destroy() {
        super.destroy();
    }
    public void doGet(HttpServletRequest request, HttpServletResponse response)
            throws ServletException, IOException {
    response.setContentType("text/html");
    PrintWriter out = response.getWriter();
    out.println("<!DOCTYPE HTML PUBLIC \"-//W3C//DTD HTML 4.01 Transitional//
        EN\">");
    out.println("<HTML>");
    out.println("  <HEAD><TITLE>A Servlet</TITLE></HEAD>");
    out.println("  <BODY>");
    out.print("This is ");
    out.print("my first Servlet");
    out.println(", using the POST method");
    out.println("  </BODY>");
    out.println("</HTML>");
    out.flush();
    out.close();
```

```
        }
    public void doPost(HttpServletRequest request, HttpServletResponse response)
            throws ServletException, IOException {
        doGet(request, response);
    }
    public void init() throws ServletException {
    }
}
```

输出结果为

This is my first Servlet, using the POST method

从上面的例子可以看出,在 Servlet 中,用 out 方法编写了大量的 HTML 代码,其可读性、可维护性较差,给开发带来了不方便。后来 Sun 公司推出 JSP 来弥补 Servlet 的一些不足。JSP 技术不但继承了 Servlet 的全部功能,还增加了一些新的功能。JSP 技术是在传统的网页 HTML 文件(.htm、.html)中插入 Java 程序段(Scriptlet)和 JSP 标记(tag),从而形成 JSP 文件(.jsp)。JSP 与 Java Servlet 一样,是在服务器端执行的,返回客户端的也是一个 HTML 文档,因此客户端只要有浏览器就能浏览。Java Servlet 是 JSP 的技术基础,而且大型 Web 应用程序的开发需要 Servlet 和 JSP 配合才能完成。在项目开发中,JSP 主要用于显示;Servlet 转化为控制器角色,主要用于动态页面调度。

JSP 技术使用 Java 语言编写类似 XML 的 JSP 标记和 Java 程序段,以封装产生动态网页的处理逻辑。网页还能通过 JSP 标记和 Java 程序段访问服务端的资源。JSP 将网页逻辑与网页设计和显示分离,支持可重用的基于组件的设计,使基于 Web 的应用开发变得迅速和容易。

JSP 技术的优势如下:

(1) 一次编写,到处运行。除了系统之外,代码不用做任何更改。

(2) 系统支持多平台。基本上可以在所有平台上的任意环境中开发,在任意环境中进行系统部署,在任意环境中扩展。相比于 ASP/PHP 的局限性,其优势是显而易见的。

(3) 强大的可伸缩性。从只有一个小的.jar 文件就可以运行 Servlet/JSP,到由多台服务器进行集群和负载均衡,再到多台应用服务器进行事务处理和消息处理,从一台服务器到无数台服务器,JSP 显示了巨大的生命力。

(4) 多样化和功能强大的开发工具支持。这一点与 ASP 很像,JSP 已经有了许多非常优秀的开发工具,许多工具可以免费得到,并且其中有许多工具已经可以顺利地运行于多种平台。

(5) 支持服务器端组件。Web 应用需要强大的服务器端组件支持,开发人员需要利用其他工具设计实现复杂功能的组件供 Web 页面调用,以增强系统性能。JSP 可以使用成熟的 JavaBean 组件实现复杂业务逻辑。

JSP 技术的缺点如下:

（1）与 ASP 一样，JSP 的一些优势也正是它的致命问题所在。正是由于为了实现跨平台的功能和极度的伸缩能力，从而增加了产品的复杂性。

（2）JSP 的运行速度是用 class 常驻内存来实现的，所以它在一些情况下要消耗较多的内存资源。同时，它还需要硬盘空间来保存一系列.java 文件、.class 文件以及对应的版本文件。

以下给出一个简单的 JSP 程序示例。

例 1-4 JSP 程序示例。

```
<%@ page language="java" import="java.util.*" pageEncoding="ISO-8859-1"%>
<html>
    <head>
            <title>My JSP 'myfirst.jsp' starting page</title>
    </head>
<%
    String str = "Hello ! This is my first JSP.";
%>
<body>
        <%=str %>
</body>
</html>
```

运行时页面显示为

```
Hello ! This is my first JSP.
```

1.3.4　Web 开发技术比较

目前流行的 3 种 Web 开发技术分别是 Servlet/JSP、ASP.NET 和 PHP。这 3 种开发技术的比较如表 1-1 所示。

表 1-1　Servlet/JSP、ASP.NET 和 PHP 的比较

比　较　项	Servlet/JSP	ASP.NET	PHP
运行速度	快	较快	较快
难易程度	容易掌握	简单	简单
运行平台	绝大部分平台	Windows 平台	Windows/UNIX 平台
扩展性	好	较好	差
安全性	好	较差	好
支持面向对象	支持	支持	最新的版本支持
数据库支持	多	多	多

续表

比　较　项	Servlet/JSP	ASP.NET	PHP
厂商支持	多	较少	较多
XML	支持	支持	有限支持
组件	支持	支持	不支持
分布式处理	支持	支持	不支持
适用 Web 领域	各种规模的项目	各种规模的项目	中小型项目
服务器空间价格	较高	低	低
框架支持	多	少	少

 开发环境搭建

　　面向 Web 应用的集成开发环境(Integrated Development Environment,IDE)有很多,主流的开发环境包括 Eclipse+各种插件、MyEclipse、IntelliJ IDEA 等,可根据自己的喜好选择一个。本书采用的数据库为 MySQL。以下介绍本书采用的开发环境的安装方法。建议安装的软件及版本为 JDK 1.8、Tomcat 9.x 和 Eclipse 2019。

1.4.1　安装 JDK

　　JDK 是 Sun 公司推出用于编写 Java 应用程序的开发包,包括 Java 运行环境、Java 工具和 Java 基础类库。JDK 有 3 种版本:
- Standard Edition(标准版),即 J2SE。包含构成 Java 语言核心的类,例如数据库连接、接口定义、输入输出、网络编程。
- Enterprise Edition(企业版),即 J2EE。包含 J2SE 中的类,还包含用于开发企业级应用的类,例如 EJB、Servlet、JSP、XML、事务控制。
- Micro Edition(微型版),即 J2ME。包含 J2SE 中的一部分类,用于消费类电子产品(例如智能卡、手机、PDA、机顶盒)的软件开发。

　　此外,针对不同的操作系统,JDK 也有不同的版本。本书主要使用面向 Windows 操作系统的标准版。从官方网站 http:// java.sun.com/ 选择 8 以上版本的 JDK 下载,例如文件名为 jdk - 8u73-windows-x64.exe 的安装程序。下载后双击该文件,即可执行安装,按照屏幕提示操作,默认安装到 C:\Program Files\Java\ jdk1.8.0_73 目录下,其主要结构如图 1-4 所示。

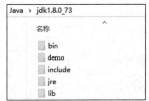

图 1-4　jdk1.8.0_73 目录的主要结构

在 jdk1.8.0_73 目录中，bin 目录是用于 Java 开发、调试的一系列工具，demo 目录是可供学习的 Java 程序示例和源代码，include 目录是使用 Java 本地接口和 JVM 调试接口的本地代码的 C 语言头文件，jre 目录是 Java 应用程序的运行时环境，lib 目录是开发工具使用的类库，sample 目录是一些示例程序。此外，jdk1.8.0_73 目录下还有 src.zip 文件，是 Java 平台的源代码。

安装好 JDK 后，通常还需设置一些环境变量。在 Windows 系统中，可以通过右击"我的电脑"，在弹出的快捷菜单中选择"属性"命令，在"系统属性"对话框中选择"高级"（或者"高级系统设置"）选项卡，单击"环境变量"按钮，在"环境变量"对话框中设置如下的环境变量：

```
JAVA_HOME=C:\Program Files\Java\jdk1.8.0_73
CLASS_PATH=.; % JAVA_HOME %\lib; % JAVA_HOME %\lib\tools.jar
```

以上两个环境变量分别用于设置 JDK 的安装目录和类的路径。

1.4.2　安装和配置 Tomcat

适用于 Java Web 开发的服务器软件有很多，例如 JSWDK、JServ、Resin、Tomcat、JRun、JBoss、WebLogic、WebSphere 等。其中，Tomcat 是一个免费开源的 Java Web 服务器，是 Apache 软件基金会的 Jakarta 项目中的一个核心项目，由于 Sun 公司的支持，能够很快实现 Servlet 和 JSP 的最新规范，也是目前中小型企业应用中最主流的 Web 服务器。

可以通过官方网站 http://tomcat.apache.org/下载 Tomcat，在这里可以找到各种版本的下载区域，建议使用 Tomcat 9.x 版本。下载链接为 http://tomcat.apache.org/down load-80.cgi。

Tomcat 的安装非常简单，只须双击下载的安装程序，进入安装界面，按照屏幕提示，选择安装路径和 Web 服务端口号（默认端口是 8080）即可。安装好 Tomcat 后，还需新建系统环境变量：

```
CATALINA_HOME=D:\ApacheSoftwareFoundation\Tomcat9.x
```

Tomcat 安装好以后，其目录结构如图 1-5 所示。

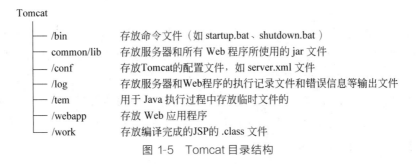

图 1-5　Tomcat 目录结构

其中：

- bin 目录存放启动和关闭 Tomcat 的脚本。

- common/lib 目录存放 Tomcat 服务器和所有 Web 应用能访问的 jar 文件。
- conf 目录存放系统的配置文件。
- log 目录存放 Tomcat 执行时的日志文件。
- tem 目录存放 Tomcat 运行时的临时文件。
- webapp 目录是 Web 应用的发布目录,只须将要部署的 Web 应用的 jar 文件放入这个目录,Tomcat 就会自动发布相应的 Web 应用。
- work 目录存放 JSP 编译后产生的 class 文件。

要测试 Tomcat 是否正常安装,只需执行%CATALINA_HOME%\bin\startup.bat,然后在浏览器地址栏输入 http://localhost:8080/,如果能正常显示页面(如图 1-6 所示),则说明 Tomcat 已经可以工作了。

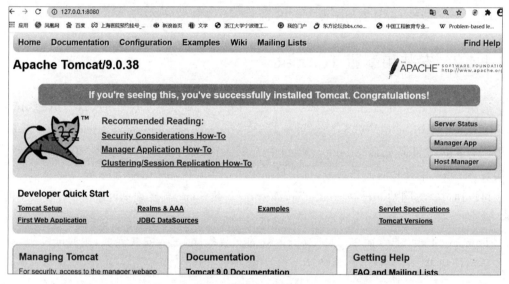

图 1-6　Tomcat 正常显示页面

1.4.3　安装和配置 Eclipse

Eclipse 最初是由 IBM 公司开发的用于替代商业软件 Visual Age for Java 的下一代集成开发环境,在 2001 年 11 月捐献给开源社区,现在由非营利软件供应商联盟 Eclipse 基金会(Eclipse Foundation)管理。Eclipse 是开放源代码、基于 Java 的可扩展开发平台。就其本身而言,它只是一个框架和一组服务,通过各类插件组件构建开发环境,众多插件的支持使得 Eclipse 拥有其他功能相对固定的 IDE 软件所缺乏的灵活性。许多软件开发商以 Eclipse 为框架开发自己的 IDE。

1. 安装 Eclipse

安装 Eclipse 的步骤如下:

（1）Eclipse 附带了一个标准的插件集，包括 Java 开发工具（Java Development Tools，JDT），因此，只须下载标准的 Eclipse 程序即可满足本书的开发需求。Eclipse 是免费软件，可通过 Eclipse 官方网站（http://www.eclipse.org/）下载。本书使用的是 eclipse-jee-2020-06-R-win32-x86_64.zip。下载完成后，将该文件解压缩到安装目录即可。

（2）双击 Eclipse 安装目录下的 eclipse.exe 文件，弹出 Workspace Launcher 对话框，在 Workspace 下拉列表框中选择工作空间，如图 1-7 所示。可根据需要自行设置，如 E:\workspace，或采用默认设置。新建项目会放在此目录下。如果有多人同时使用 Eclipse，则需要选择不同的工作空间。

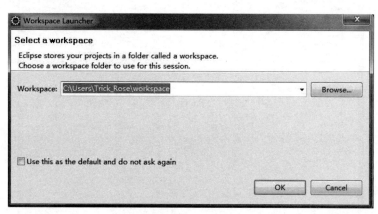

图 1-7　Eclipse 工作空间选择

（3）关闭欢迎界面后，将显示 Eclipse 的默认用户界面，如图 1-8 所示。

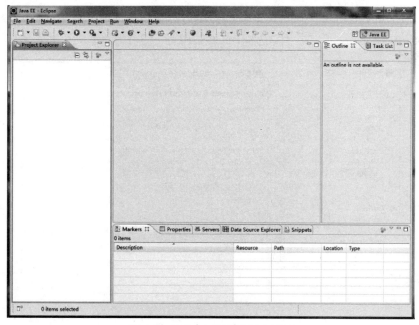

图 1-8　Eclipse 的默认用户界面

2. 配置 Eclipse

要使用 Eclipse 进行 Web 开发,需配置 Tomcat 服务器。配置过程如下:

(1)选择菜单栏中的 Window→Preferences 命令,在弹出的 Preferences 对话框左侧的列表框中选择 Server→Runtime Environments,如图 1-9 所示。

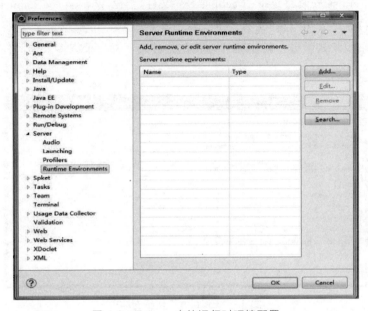

图 1-9　Eclipse 中的运行时环境配置

(2)单击 Add 按钮,打开 New Server Runtime Environment 对话框,选择 Apache 路径下的 Apache Tomcat,出现 Tomcat Server 对话框,选择相应的服务器名称、安装路径等,注意选择 Create a new local server 复选框,如图 1-10 所示。

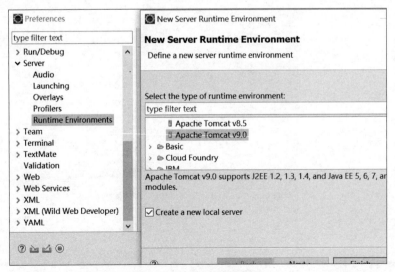

图 1-10　创建本地服务器

（3）单击 Next 按钮，选择 JRE 版本。单击 Finish 按钮完成 Eclipse 中服务器的配置，如图 1-11 所示。

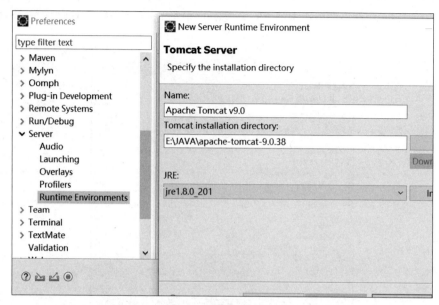

图 1-11　完成服务器配置

（4）完成以上步骤后，在 Eclipse 界面上会出现已部署完成的 Servers。选择 Tomcat，右击，在弹出的快捷菜单中选择 Start 命令，即可启动服务器，如图 1-12 所示。

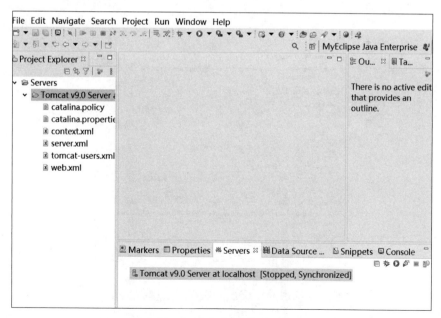

图 1-12　在 Eclipse 中启动 Tomcat

3. 在 Eclipse 环境下建立 Web 项目

在 Eclipse 环境下建立 Web 工程项目,按以下步骤操作即可。

（1）打开 Eclipse,选择菜单栏中的 File→New→Other 命令,在 New 对话框中选择如图 1-13 所示的选项。

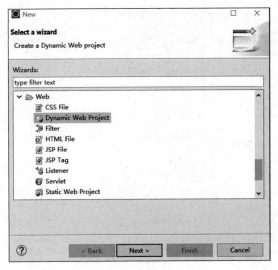

图 1-13　选择 Dynamic Web Project

（2）在 New Dynamic Web Project 对话框中输入项目名称 MyFirstWeb,单击 Finish 按钮,如图 1-14 所示。

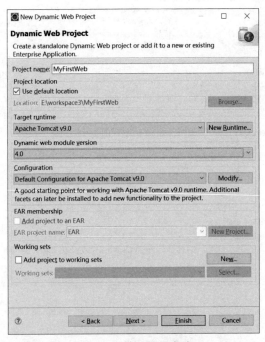

图 1-14　输入项目名称

（3）在 MyFirstWeb 下，src 目录用于存放项目中的各类资源，包括 JavaBean、Servlet 等，如图 1-15 所示。WebContent 目录用于存放页面文件。

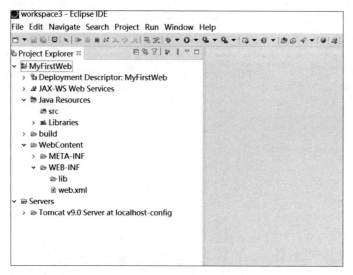

图 1-15　Web 项目结构

（4）选中 WebContent，右击，在弹出的快捷菜单中选择 New→JSP 命令，出现 New JSP File 对话框，输入 JSP 的文件名：myFirst.jsp，单击 Finish 按钮，如图 1-16 所示。

图 1-16　创建 JSP 文件

（5）myFirst.jsp 中会出现默认代码。在其中添加一些代码。将 pageEncoding 的值改成 UTF-8，在＜title＞标签中输入标题"第一个 JSP 页面"，在＜body＞标签中输入打印语句。最终代码如图 1-17 所示。

```
1  <%@ page language="java" contentType="text/html; charset=ISO-8859-1"
2     pageEncoding="UTF-8"%>
3  <!DOCTYPE html PUBLIC "-//W3C//DTD HTML 4.01 Transitional//EN" "http://www.w3.org/
4  <html>
5  <head>
6  <meta http-equiv="Content-Type" content="text/html; charset=ISO-8859-1">
7  <title>第一个JSP页面</title>
8  </head>
9  <body>
10 <%out.println("Hello,JSP!"); %>
11 </body>
12 </html>
```

图 1-17　myFirst.jsp 的最终代码

（6）保存文件后，就可以开始项目运行了。项目运行有两种方式：一是选择 JSP 文件，再单击该文件即可运行；二是选择项目工程名，右击，在弹出的快捷菜单中选择 Run as→Run on Server 命令。前者运行指定的页面；后者运行项目工程，项目工程的默认页面可以在项目的 web.xml 文件中指定。至此，就已经完成了第一个 Web 项目。

1.4.4　安装 MySQL

MySQL 是一个关系数据库管理系统，由瑞典 MySQL AB 公司开发，目前属于 Oracle 公司旗下产品。MySQL 是流行的关系数据库管理系统之一，在 Web 应用方面 MySQL 也是最好的关系数据库管理系统应用软件之一。MySQL 的下载地址是在 http://dev.mysql.com/downloads/mysql/。

MySQL 的安装步骤如下：

（1）双击安装文件，在软件许可界面中勾选 I accept the license terms 复选框，单击 Next 按钮。

（2）随后选择安装类型。有以下 5 种安装类型：

- **Developer Default**：安装 MySQL 服务器以及开发 MySQL 应用所需的工具，包括开发和管理服务器的 GUI 工作台、访问操作数据的 Excel 插件、与 Visual Studio 集成开发的插件、通过 NET/Java/C/C＋＋/OBDC 等访问数据的连接器、例子和教程、开发文档。
- **Server only**：仅安装服务器，适用于部署 MySQL 服务器。
- **Client only**：仅安装客户端，适用于基于已存在的 MySQL 服务器进行 MySQL 应用开发的情况。
- **Full**：安装 MySQL 所有可用组件。

- **Custom**：自定义需要安装的组件。

MySQL 安装程序默认选择 Developer Default 类型。建议选择 Server only 类型，减少对工具的依赖，可以更深入地学习和理解 MySQL 数据库。读者可根据自己的需求选择合适的安装类型。这里选择 Server only 后单击 Next 按钮，如图 1-18 所示。

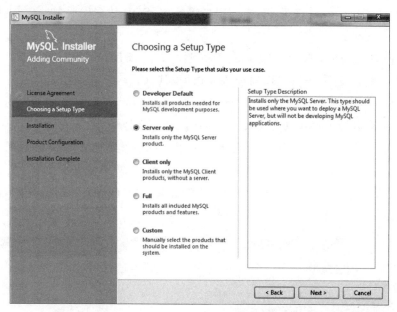

图 1-18　选择 Server only 安装类型

（3）在随后的界面中单击 Next 按钮，最后单击 Execute 按钮启动安装。安装完成之后，单击 Next 按钮进入配置界面，如图 1-19 所示。

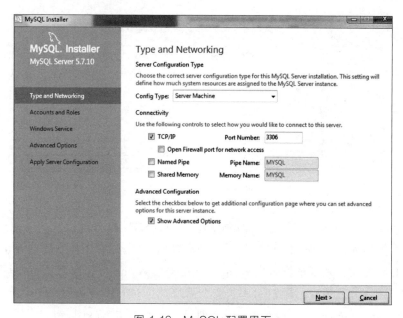

图 1-19　MySQL 配置界面

（4）在配置界面，单击 Config Type 的下拉列表框，显示以下 3 种配置类型：

- **Development Machine**：开发机，MySQL 会占用较少的内存。
- **Server Machine**：服务器，几个服务器应用会运行在该计算机上，适用于作为网站或应用的数据库服务器，会占用一定的内存。
- **Dedicated Machine**：专用机，专门用来运行 MySQL 数据库服务器，会占用计算机的所有可用内存。

根据 MySQL 的用途选择相应的配置类型。如果仅用来学习，就选择 Development Machine。常用的是 TCP/IP 连接，勾选该复选框，其默认端口号是 3306，可在文本框中更改。若数据库只在本机使用，可选择 Open firewall port for network access 复选框打开防火墙；如果需要远程调用则不要选择该项。下面的 Named Pipe 和 Shared Memory 是进程间通信机制，一般不选。Show Advanced Options 用于在后续步骤配置高级选项。为更多地了解 MySQL 的可配置项，这里选择该复选框。单击 Next 按钮进入下一步。

（5）接下来进行账户设置。root 账户拥有数据库的所有权限，在密码框中输入自己设置的密码，如图 1-20 所示。

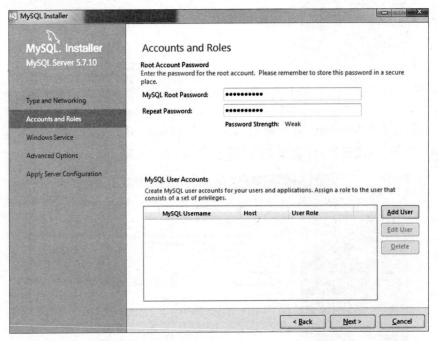

图 1-20　账户设置

（6）配置 Windows 服务，如图 1-21 所示。将 MySQL 服务配置成 Windows 服务后，MySQL 服务会自动随着 Windows 操作系统的启动而启动，随着操作系统的停止而停止，这也是 MySQL 官方文档建议的配置。Windows Service Name 可保留默认值，只要与其他服务不同名即可。在 Windows 系统中，基于安全需求，MySQL 服务需要在一个给定的账户下运行，保留默认的 Standard System Account 即可。最后单击 Next 按钮。

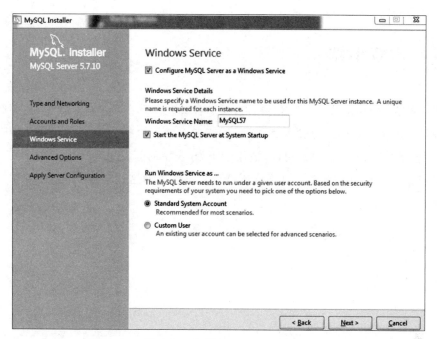

图 1-21　配置 Windows 服务

(7)因为在前面的第(4)步中选择了 Show Advanced Options 复选框,所以此时出现如图 1-22 所示的高级选项配置界面,但是一般情况下在此都保留默认选项。直接单击 Next 按钮跳过各界面。经过上述步骤之后,MySQL 数据库已基本配置完成,单击 Execute 按钮执行配置项,最后单击 Finish 按钮完成配置。

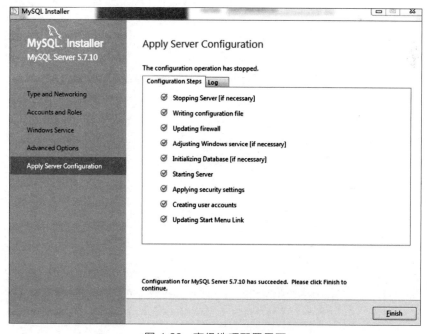

图 1-22　高级选项配置界面

1.5 本章小结

　　本章简单介绍了 B/S 应用的相关知识,对 3 种动态网页技术进行了比较,并介绍了开发环境以及具体的搭建步骤。通过本章的学习,读者已经可以搭建 Web 应用集成开发环境,以满足后面的学习和开发需要。目前,适用于 Web 应用的开发工具有很多,它们各具特色,读者也可根据自身需要选择合适的开发环境。在熟练掌握这些开发工具之后,开发效率将大大提高。

第 2 章　Servlet 和 JSP 基础

Servlet 和 JSP 是 Java Web 开发中重要的应用组件。本章介绍 Servlet 技术基础，并通过例子展示如何编写和部署 Servlet；介绍 JSP 技术基础以及 JSP 与 Servlet 的区别与联系；介绍开发环境与服务器运行环境；最后介绍基于 Servlet 和 JSP 的 MVC 开发思想以及相关案例。

2.1　Servlet 技术基础

2.1.1　Servlet 的历史及技术特点

正如第 1 章所述，Servlet 是先于 JSP 出现的一种服务器端技术，JSP 最终也被服务器转换为一个 Servlet。在 Servlet 技术出现以前，服务器端技术采用 CGI，其全称是公共网关接口（Common Gateway Interface），实际上是 HTTP 服务器与计算机程序进行通信的一种工具，CGI 程序需运行在网络服务器上。CGI 是最早出现的动态网页技术之一。绝大多数 CGI 程序被用来解释处理来自表单的输入信息，并在服务器上进行相应的处理，或将相应的信息反馈给浏览器。CGI 程序使网页具有交互功能。主要用 Perl、Shell Script 或 C 语言编写。

CGI 程序最初在基于 UNIX 操作系统的 CERN 或 NCSA 的服务器上运行，在其他操作系统（如 Windows NT 等）的服务器上也广泛地使用 CGI 程序，同时它也适用于各种类型的计算机。CGI 程序的处理步骤如下：

（1）用户请求通过 Internet 送到服务器。服务器接收用户请求并交给 CGI 程序处理。

（2）CGI 程序把处理结果传送给服务器。

（3）服务器把结果送回用户浏览器。

CGI 技术开启了动态 Web 应用的时代，给了这种技术无限的可能性。但 CGI 技术存在

很多缺点,主要如下:

(1) CGI 程序开发比较困难,因为它要求程序员有处理参数传递的知识,这不是一种通用的技能。

(2) CGI 程序不可移植,为某一特定平台编写的 CGI 程序只能运行于这一环境中。

(3) 每一个 CGI 程序存在于一个由客户端请求激活的进程中,并且在请求获得服务后被卸载。这种模式将引起很高的内存、CPU 开销,而且在同一进程中不能为多个客户端服务。

到 1997 年,随着 Java 语言的广泛使用,Servlet 技术迅速成为动态 Web 应用的主要开发技术。

Servlet 是一种独立于平台和协议的服务器端 Java 应用程序。与传统的从命令行启动的 Java 应用程序不同,Servlet 本身没有 main()方法,不是由用户或程序员调用的,而是由另一个应用程序(容器,如 Tomcat)调用和管理,用于生成动态的内容。这实际上就是按照 Servlet 规范编写一个 Java 类,Servlet 被编译为平台中立的字节码,可以被动态地加载到支持 Java 技术的 Web 服务器中运行。简单来说,Servlet 是在服务器上运行的小应用程序。

Servlet 可以完成和 CGI 相同的功能,其工件原理也类似,但 Servlet 具有下列优点:

(1) 由于内置对象(request、reponse、session、application 及 out 等)的支持和 Servlet API 的应用,不需要处理参数传递及解析,使开发过程变得容易。

(2) Servlet 具有 Java 应用程序的所有优势——可移植、稳健、易开发。使用 Servlet Tag 技术,Servlet 能够生成嵌入静态 HTML 页面的动态内容。

(3) Servlet 最主要的优势在于:一个 Servlet 被客户端发送的第一个请求激活,然后它将继续运行于后台,等待以后的请求。每个请求将生成一个新的线程,而不是一个完整的进程。多个客户能够在同一个进程中同时得到服务。一般来说,Servlet 进程只在 Web Server 被卸载时才结束。

综上所述,由于 Servlet 具有开发简单、跨平台、功能强大、多线程、安全性好等特点,自从出现以来,很快成为 Web 应用开发的主流技术之一,也成为电子商务系统开发的标准技术之一。

2.1.2　Servlet 的主要 API、运行过程及生命周期

1. Servlet 的主要 API

在 Servlet 技术体系中,用户创建的 Servlet 是通过 HttpServlet 类派生的。一般情况下,由于 HttpServlet 类拥有 B/S 服务的功能,所以在没有特殊要求的情况下,用户的 Servlet 不必扩展自己的其他方法,只要对父类的某些方法(doGet()和 doPost()方法等)进行重写以满足每个 Servlet 特定的请求/响应要求即可。HttpServlet 类的主要方法有 init ()、destroy()、service()、doGet()、doPost()等,描述如下:

在 Servlet 的生命周期中，仅执行一次 init()方法。它是在服务器装入 Servlet 时执行的。默认的 init()方法通常是符合要求的，但也可以用定制的 init()方法覆盖它，典型的功能是管理服务器端资源。例如，编写一个定制的 init()，完成一次 GIF 图像装入。

destroy()方法仅执行一次，即在服务器卸载 Servlet 时执行该方法。默认的 destroy()方法通常是符合要求的，但也可以覆盖它，典型的功能是管理服务器端资源。例如，如果要 Servlet 在运行时统计累计数据，或者释放系统资源（如数据库连接资源等），则可以重写 destroy()方法。

service()方法是 Servlet 的核心。每当一个客户端请求一个 HttpServlet 对象时，该对象的 service()方法就要被调用，而且系统把两个参数传递给这个方法，一个是请求（ServletRequest）对象，另一个是响应（ServletResponse）对象。该方法的结构如下：

```
public void service(HttpServletRequest request, HttpServletResponse response)
        throws java.io.IOException, ServletException {
…
if (是 get 请求) doGet(request, response);
else if(是 post 请求) doPost(request, response);
else if(是其他请求) {…}
    …
}
```

需要注意的是，request 和 response 这两个内置对象是由容器自动生成的。

用户可以直接继承以上 3 个方法，不必重写（有特殊情况时例外）。而对于 do 方法（doGet()、doPost()等），用户必须重写，以便处理 get 或 post 等类型的请求。这是用户编写 Servlet 程序的核心。

2. Servlet 的运行过程及生命周期

Servlet 没有 main()方法，它们受控于另一个被称为容器的 Java 应用程序。Tomcat 就是一个常用的 Servlet 容器。当 Web 服务器应用得到一个指向 Servlet 的请求时，服务器不是把这个请求交给 Servlet 本身，而是交给部署该 Servlet 的容器，由容器向 Servlet 提供 HTTP 请求和响应，而且要由容器调用 Servlet 的方法。所以要理解 Servlet 的运行过程与生命周期，必须首先理解容器的作用。

一般情况下，Servlet 容器有以下功能（详细信息可以参考各容器的技术文档）：

- 容器提供了各种方法，可以轻松地让 Servlet 与 Web 服务器对话。用户不用自己建立 ServletSocket、监听某个端口、创建流等，只需要考虑如何在 Servlet 中实现业务逻辑。

- 容器控制着 Servlet 的生命周期，它会负责加载、实例化和初始化 Servlet、调用 Servlet 方法以及销毁 Servlet 实例。

- 容器会自动地为它接收的每个 Servlet 请求创建一个新的 Java 线程。如果 Servlet 已经运行完相应的 HTTP 服务方法，则由容器结束该 Java 线程。因此，容器支持多线程的管理。

- 利用容器,可以使用 XML 部署描述文件来配置和修改安全性,而不必将其硬编码写到 Servlet 类代码中。
- 容器负责将一个 JSP 文件翻译成一个 Servlet。

通过以上分析,不难发现,Servlet 的运行过程与生命周期实际上是由容器控制的。假设容器为 Tomcat,发生一个 HTTP 请求,这个请求可以是用户提交表单、单击一个链接等,以下详细描述其运行过程:

(1) Tomcat 主线程对转发来的用户请求做出响应,并创建两个内置对象:HttpServletRequest 类的实例 request 和 HttpServletResponse 类的实例 response。

(2) 根据请求中的 URL 找到正确的 Servlet(这个工作依据系统的配置文件而不同),Tomcat 为其创建或者分配一个线程(如果是第一次请求该 Servlet,为创建线程;第二次及以后则为分配线程),同时把创建的两个内置对象传递给该线程。

(3) Tomcat 调用 Servlet 的 service()方法,该方法根据请求参数的不同(即请求类型的不同)调用 doGet()、doPost()或者其他方法。

(4) 执行相关 do 方法,生成静态资源,并把信息组合到响应对象里。

(5) Servlet 线程运行结束,Tomcat 将响应对象转换为 HTTP 响应返回给用户,同时删除请求和响应对象。

Servlet 运行示意图如图 2-1 所示。

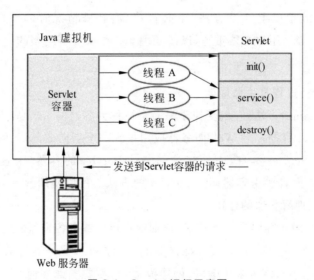

图 2-1　Servlet 运行示意图

由此可见,Servlet 的生命周期包括加载、实例化、初始化、服务和销毁过程。其中加载和实例化过程只有一次(调用 init()方法),这个过程可能是 Tomcat 容器启动时执行,也可能是第一次访问该 Servlet 执行,这主要取决于容器的配置文件。服务过程(对每一次请求调用 service()方法)是不受限的,每一次服务过程就是一个 Servlet 线程的运行过程。当容器(Tomcat)关闭时,执行 destroy( )方法,销毁 Servlet 实例。desty( )方法也可能由于 Servlet 本身的变化而提前执行,但 Servlet 的生命周期不会长于容器的生命周期。

2.1.3 开发部署 Servlet

1. 利用 web.xml 文件部署 Servlet

一般的 Web 工程中都会用到 web.xml,该文件在 Web 工程中起到顶层控制的作用,主要用来配置工程首页面以及 Filter(过滤器)、Listener(监听器)、Servlet 等(关于 Filter 及 Listener 在以后章节中介绍)。web.xml 文件在 Tomcat 安装目录\webapps\工程名\WEB-INF 下。它在默认情况下代码如下:

```xml
<?xml version="1.0" encoding="UTF-8"?>
<web-app version="2.4" xmlns="http://java.sun.com/xml/ns/j2ee"
    xmlns:xsi="http://www.w3.org/2001/XMLSchema-instance"
    xsi:schemaLocation="http://java.sun.com/xml/ns/j2ee
    http://java.sun.com/xml/ns/j2ee/web-app_2_4.xsd">
    <welcome-file-list>
        <welcome-file>index.jsp</welcome-file>
        <welcome-file>index.html</welcome-file>
    </welcome-file-list>
</web-app>
```

默认的 web.xml 有一个＜welcome-file-list＞标签,用于工程首页设置。在 Servlet 3.0 规范发布以前,用户开发的 Servlet 必须通过该文件进行部署。假设用户已开发完成一个 Servlet,名称为 SimpleServlet,则要修改 web.xml 文件,内容如下:

```xml
<?xml version="1.0" encoding="UTF-8"?>
<web-app version="2.4" xmlns="http://java.sun.com/xml/ns/j2ee"
    xmlns:xsi="http://www.w3.org/2001/XMLSchema-instance"
    xsi:schemaLocation="http://java.sun.com/xml/ns/j2ee
    http://java.sun.com/xml/ns/j2ee/web-app_2_4.xsd">
    <welcome-file-list>
        <welcome-file>index.jsp</welcome-file>
    </welcome-file-list>
    <servlet>
        <servlet-name>SimpleServlet</servlet-name>
        <servlet-class>servlet.SimpleServlet</servlet-class>
    </servlet>
    <servlet-mapping>
        <servlet-name> SimpleServlet </servlet-name>
        <url-pattern>/hello</url-pattern>
    </servlet-mapping>
```

```
</web-app>
```

可以看出,在上面的 web.xml 文件中增加了两个元素,＜servlet＞元素用于配置 SimpleServlet 类的名称,也就是名称和类的键/值对。＜servlet-mapping＞元素主要用来配置客户端请求的 URL 与 Servlet 对象的映射关系。通过这样的配置,当客户端浏览器发来"工程项目名/hello"的请求时,Tomcat 将其自动交给 SimpleServlet 进行处理,通过 SimpleServlet 就能找到相对应的 Servlet 对象 servlet.SimpleServlet,这就是配置文件的作用。每个 Servlet 在部署时,都必须在 web.xml 文件中配置这两个元素。

2. 利用注解开发与部署 Servlet

Servlet 3.0 是 JavaEE 6 规范的一部分,Servlet 技术在 3.0 版之后提供了注解 (annotation)功能,不再需要在 web.xml 文件中进行 Servlet 的部署描述。在 Eclipse 集成开发平台上,新建一个 Web 工程项目,命名为 FirstServlet,并新建一个 Servlet,命名为 HelloWorld,如图 2-2 所示。

下面是名为 HelloWorld 的 Servlet 核心源代码。它只有一个功能,在网页上显示"Hello World"。

图 2-2 FirstServlet 项目结构

```
package Servlet;
import java.io.IOException;
import javax.servlet.ServletException;
import javax.servlet.annotation.WebServlet;
import javax.servlet.http.HttpServlet;
import javax.servlet.http.HttpServletRequest;
import javax.servlet.http.HttpServletResponse;
@WebServlet("/HelloWorld")
public class HelloWorld extends HttpServlet {
    private static final long serialVersionUID = 1L;
    protected void doGet(HttpServletRequest request, HttpServletResponse response)
            throws ServletException, IOException {
        response.getWriter().write("Hello World");
    }
    protected void doPost(HttpServletRequest request, HttpServletResponse response)
            throws ServletException, IOException {
        doGet(request, response);
    }
}
```

不需要配置 web.xml。启动 Tomcat,启动浏览器,在地址栏输入 http://localhost:8080/FirstServlet/HelloWorld,页面显示"Hello World"。

正如上面的代码所示,用户开发的 Servlet 一般直接继承 HttpServlet,其构造函数直接调用父类构造函数,也并不重写其他方法,根据前端的请求方式重写 doGet()或 doPost()方法。

代码中需要重点关注的是@WebServlet("/HelloWorld")，这是一种注解方式，完成了配置文件(web.xml)关于 Servlet 配置的功能。实际上，这是一种默认注解配置方式，其重要的属性说明如下：

- 属性 name 的类型为 String，相当于 web.xml 文件中的＜servlet-name＞元素描述。
- 属性 value 的类型为 String，相当于 web.xml 文件中的＜servlet-mapping＞中的＜url-pattern＞元素描述。

例如：

```
@WebServlet(name="HelloWorld,value="/HelloWorld")
```

当属性 name 的值与 value 的值一致时，即可简化为

```
@WebServlet("/HelloWorld")
```

其他属性，如 loadOnStartup、initParams 和 asyncSupported，也类似于 web.xml 配置文件中的相关属性，有兴趣读者可以自行查阅资料。

2.2 JSP 技术基础

2.2.1 JSP 简介

JSP 即 Java Server Pages(Java 服务器页面)，它和 Servlet 技术一样，都是 Sun 公司定义的一种用于开发动态 Web 资源的技术。JSP 代码类似于 HTML，它实际上是由 HTML 代码和 Java 代码(以＜% Java 代码 %＞的格式)代码构成的。当用户访问 JSP 页面时，先执行 Java 代码，其结果连同其他 HTML 一起返回客户端的浏览器。所以，JSP 页面和 Servlet 一样，有两大功能：一是界面功能(HTML 代码)，二是业务逻辑处理功能(Java 代码)。

例如，test.jsp 代码如下：

```
<%@ page language="java" import="java.util. * " pageEncoding="ISO-8859-1"%>
<!DOCTYPE HTML PUBLIC "-//W3C//DTD HTML 4.01 Transitional//EN">
<html>
  <head>
  </head>
  <body>
    <p>This is my JSP page. </p>
      <% int x=4;int y=5;
        out.println("x+y="+(x+y));
      %>
  </body>
</html>
```

服务器对该代码进行处理后,客户端浏览器收到的内容如下:

```
<!DOCTYPE HTML PUBLIC "-//W3C//DTD HTML 4.01 Transitional//EN">
<html>
  <head>
  </head>
  <body>
    <p>This is my JSP page. </p>x+y=9;
  </body>
</html>
```

2.2.2　JSP 运行原理

当用户首次访问 JSP 页面时,服务器首先将该 JSP 页面转变为一个 Servlet,该 Servlet 是 HttpServlet 的子类,放在\Tomcat 主目录\work\Catalina\localhost\工程名\org \apache \jsp 目录下,这是服务器的工作目录。打开相应的 Servlet 可以看到,其实一个 JSP 页面就是一个 Servlet,访问一个 JSP 页面就是访问一个 Servlet。

进一步分析由 JSP 页面转变而来的 Servlet,重点观察_jspService(request,response),它实际上等同于一般 Servlet 类的 service()方法。在该方法中,JSP 页面中的 HTML 代码会通过 out 输出,而 Java 代码会原封不动地搬到该方法中。以上面的 test.jsp 为例,在 Tomcat 的相关目录中找到相应的 Servlet,代码如下:

```
public final class test_jsp extends org.apache.jasper.runtime.HttpJspBase
implements org.apache.jasper.runtime.JspSourceDependent {
…
public void _jspService (HttpServletRequest request, HttpServletResponse response)
        throws java.io.IOException, javax.servlet.ServletException {
    …
    out.write("<!DOCTYPE HTML PUBLIC "-//W3C//DTD HTML 4.01 Transitional//EN">");
    out.write("<html>\r\n");
    //有多个 out.write 代码
    int x=4;int y=5;
    out.println("x+y="+(x+y));          //JSP 页面中的 Java 代码
    …                                   //其他代码
    }
}
```

另外,Web 服务器在将 JSP 转变成 Servlet 时,会在_jspService()方法中提供 Web 应用所有的内置对象,包括 session、out、config 等(在第 3 章讲述)。所以,在 JSP 页面开发中,用户可以直接使用这些内置对象。

JSP 页面的访问过程如图 2-3 所示。当用户第一次访问 JSP 页面时，服务器会把 JSP 文件转变成 Java 源代码(Java 类)，编译成相应的 class 文件，放置到相应的文件目录(Servlet 容器)中，并执行 service()方法，把结果发回客户端。当第二次访问相同 JSP 页面时，就直接执行相关 Servlet 中的 service()方法。所以，浏览器第一次访问 JSP 页面时速度较慢。

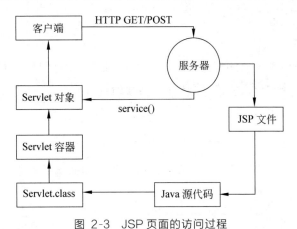

图 2-3　JSP 页面的访问过程

2.2.3　开发、运行 JSP 程序

1. JSP 页面的基本语法

下面来看一个完整的 JSP 页面，它包括大多数结构元素，具体代码如下：

```
test2.jsp
<%@ page contentType= "text/html;charset=GB2312" %>
<HTML>
    <BODY BGCOLOR=cyan><FONT size=5>
    <%! int number=0;
        synchronized void countPeople()
        { number++;}
    %>
    <% countPeople();                 //在程序片中调用方法
    %>
    <P><P>您是第<%=number%>个访问本站的客户。
    </BODY>
</HTML>
```

下面对上述代码进行简要说明。

＜％@…％＞是指令标签形式的 page 指令。

＜％!…％＞是 JSP 脚本元素，声明类变量、方法等。在该标签中声明的变量、方法为相关 Servlet(由 JSP 页面转变而来)的类变量和类方法，利用它可以实现线程共享。

＜％…％＞是 JSP 脚本元素,为脚本小程序。在该标签中的代码为相关 Servlet(由 JSP 页面转变而来)的 service()方法中的内容。

＜％＝number％＞是 JSP 表达式。它首先求 Java 表达式 number 的值,然后执行 out.println()方法,以文本形式把值显示出来。

除此以外,JSP 文件还包括指令标签和动作元素。

2. JSP 指令标签

指令(directives)标签主要用来提供整个 JSP 页面相关的信息,并且设定 JSP 页面的相关属性,例如网页的编码方式、语法、信息等。其起始符号为＜％@,终止符号为％＞。每个指令标签可以有多个属性,其基本语法如下:

```
<%@ directive attribute1="value1" [attribute2="value2"] … %>
```

在 JSP 1.2 规范中,有 3 种指令: page、include 和 taglib,每一种指令都有自己的属性,有兴趣的读者可参考相关文献。

3. JSP 动作元素

在 JSP 2.0 规范中,主要有 20 个动作元素,常用的有＜jsp:useBean＞、＜jsp:setProperty＞、＜jsp:getProperty＞、＜jsp:include＞、＜jsp:forward＞、＜jsp:param＞、＜jsp:plugin＞、＜jsp:params＞ 和 ＜jsp:fallback＞。其中＜jsp:useBean＞、＜jsp:setProperty＞和＜jsp:getProperty＞都用来存取业务组件 JavaBean,有兴趣的读者可参考相关文献。

4. 部署与运行

用 IDE 开发一个 JSP 页面后,部署到\Tomcat 主目录\webapps\工程名\目录下即可。运行时,在浏览器的地址栏中输入 127.0.0.1:8080/工程名/test.jsp 即可运行。

2.2.4　JSP 与 Servlet 的比较

JSP 开发容易且功能强大。实际上,JSP 拥有 Servlet 的所有功能,Servlet 能实现的,JSP 都能实现,只不过在实现的方法和手段上有所区别。表 2-1 对这两种技术进行了比较。

表 2-1　JSP 和 Servlet 的比较

技术	静态页面和其他客户端技术	JavaBean 或其他 Java 组件	内置对象
JSP	用 HTML 等脚本语言,可借助第三方软件(网页制作软件),支持 JavaScript 等客户端技术。功能强大	用指令标签＜jsp:useBean＞支持 JavaBean,可在页面内通过＜％…％＞和＜％!…％＞定义和使用 Java 组件	支持
Servlet	用编程方式实现,没有第三方软件支持	由于 Servlet 本身就是一个 Java 类,因此,它与其他 Java 组件的集成是无缝的,比 JSP 功能强	支持

读者也许会问：从表 2-1 不难看出，JSP 可以完全替代 Servlet，在某些方面比 Servlet 还要强大，是不是不需要 Servlet 技术了？关于这个问题，这里不作探讨，在后面的章节中会详细讨论。实际上，在 JSP 技术出现之前，Servlet 完成了 JSP 的工作，它在某些方面（如界面生成）的表现不尽人意。在目前主流的 Web 开发模式中，这两种技术谁也替代不了谁，分别发挥各自的作用。

 ## 2.3　Tomcat 服务器

2.3.1　Tomcat 服务器中主要目录的内容及作用

第 1 章对 Tomcat 的主要目录作了概要的说明，本节进一步介绍 Tomcat 服务器中主要目录的内容及作用。

bin 目录中主要是启动与关闭服务器的批处理命令文件，例如 startup.bat 以及 shutdown.bat 等。

conf 目录中主要是服务器的整体配置文件，这里主要包括 3 个配置文件：context.xml，主要用于配置各类资源，例如数据源的配置；server.xml，主要用于服务器的全局配置，包括网络服务的端口号、协议等内容；web.xml，主要用于服务器全局的 Web 服务配置（区别于单个工程项目）。

webapps 目录中存放已发布的工程项目。打开任意一工程项目，如 FirstServlet，如图 2-4 所示，工程目录下的资源，包括静态资源（HTML 文件以及图片等），都可以直接在浏览器中用 URL 访问，访问地址为"127.0.0.1:8080/工程名/资源名"。

> apache-tomcat-9.0.38 > webapps > FirstServlet	
名称	修改日期
img	2021/2/17 10:32
JS	2021/2/17 10:32
META-INF	2021/2/17 10:32
WEB-INF	2021/2/17 10:32
first.html	2021/2/17 10:32
first.jsp	2021/2/17 10:32

图 2-4　FirstServlet 的目录结构

webapps/WEB-INF 目录用于存放工程项目在服务器上的私有资源，浏览器不能直接访问这些资源。如果在这个目录中存放 HTML 或 JSP 文件，如 first2.jsp，如图 2-5 所示，则只能通过服务器内部控制器（Servlet）访问。该目录中的 web.xml 文件是工程项目的灵魂，项目启动时，首先会根据该配置文件的内容做初始化工作。当然，有了注解后，很多工作由注解来代替。WEB-INF/classes 子目录中存放的是开发环境的 Java 目录中的内容，包括业务类、Servlet 等,如图 2-6 所示。

图 2-5　WEB-INF 目录内容

图 2-6　WEB-INF/classes 目录内容

work 目录中存放项目的 JSP 文件被编译成 Servlet 后的 Java 源文件和 class 文件,如图 2-7 所示。项目运行之前,这个目录是空的;当第一次访问 JSP 页面后,这个目录中就有内容了。

图 2-7　work 目录内容

2.3.2　Web 项目中的资源访问路径

1. 开发环境与运行环境各目录的对应关系

Web 项目运行环境在 2.3.1 节已介绍了。Web 项目开发环境的目录结构如图 2-8 所示。显然,开发环境下的 WebContent 目录直接对应运行环境的项目目录,而 Java Resource 目录对应的是 WEB-INF/classes 目录。所以运行环境下的页面资源(如 HTML 或 JSP 文件)可以访问或引用开发环境下对应目录中的页面资源(如 CSS 或 JavaScript 文件)。由于在同目录下用相对路径方法可以实现访问,因此访问 Java 对象,如 Servlet 引入(import)业务类,也没有问题。

图 2-8　开发环境的目录结构

2. 控制器（Servlet）的访问路径映射

当页面资源访问 Java 对象（如 Servlet）时，是通过映射路径实现的。由于两种资源在不同目录，所以会发生很多问题。下面举例说明。

假设页面资源 1.jsp 在 WebContent 的根目录下，有以下代码：

```
<form action="LoginServlet"…>
```

假设 LoginServlet 的映射路径为/LoginServlet，则没有问题。/LoginServlet 中的/指的是工程目录名。如果 1.jsp 在 WebContent/login/目录下，则问题产生了，代码应该改为＜form action＝"../LoginServlet"…＞。

2.3.3　Tomcat 资源管理

1. 静态资源管理

对于 Tomcat 来说，无论是动态资源还是静态资源，都是经过 Servlet 处理的，只不过处理静态资源的 Servlet 是 DefaultServlet。在安装目录/conf/web.xml 中关于静态资源处理的配置如下：

```
<!-- The mapping for the default servlet -->
<servlet-mapping>
    <servlet-name>default</servlet-name>
    <url-pattern>/</url-pattern>
```

```
</servlet-mapping>
<servlet>
    <servlet-name>default</servlet-name>
    <servlet-class>org.apache.catalina.servlets.DefaultServlet</servlet-class>
</servlet>
```

需要说明的是,web. xml 中的 url-pattern 是文件匹配,即＜url-pattern＞/＜/url-pattern＞表示用默认 Servlet(default)来处理。这意味着,当浏览器通过 URL 请求静态资源(如 HTML 文件或图片文件)时,Tomcat 服务器就用默认的 Servlet(即名为 default 的 Servlet)去处理。default 的类实际上是 org. apache. catalina. servlets. DefaultServlet,该类的 class 文件归档在安装目录/lib/catalina.jar 中。该 Servlet 不像 JspServlet 那样会翻译 JSP 文件,它只有最基本的作用:原样输出请求文件中的内容给客户端。

综上所述,静态资源不经处理直接返回客户端。

2. 动态资源管理

关于动态资源的管理,前面各章节已叙述得比较全面了。相关的原理性知识可参考官方技术文档。

2.4 MVC 模式

2.4.1 MVC 基本思想

MVC 的全称为 Model-View-Controller,即把一个应用的输入、处理和输出流程按照模型(Model)、视图(View)和控制器(Controller)的方式进行分离,这样,一个应用被分成 3 层——模型层、视图层和控制器层。MVC 是一种软件体系结构。

MVC 思想其实并不是软件设计独有的,更不是 Web 应用系统独有的。在工程设计、生产管理甚至日常生活中,到处都有体现这种思想的例子。

例 2-1　工程设计模式——汽车架构。

M:发动机、动力传递系统等。

V:各类仪表(包括速度表、油表等)。

C:油门、刹车等。

当事件(如踩油门)发生时,导致转速增大,最后在仪表中得以体现。这种工作模式实际上是 C-M-V 模式。

例 2-2　生产管理模式——服装厂。

M:生产线。

V:各类生产报表。

C：生产指令。

显然，它也是 C-M-V 模式。

气象现象实际上是 M-V 模式，M 指的是地球（包括大气、海洋等）的运动规律。V 指的是当天的温度、湿度、风速等。当然，如果加上 C 层，就成了人为控制气象了，如人工增雨作业。

当然，MVC 模式也广泛应用于各类软件设计。MVC 应用程序总是由这 3 层组成。而且往往是事件导致 C 层改变 M 层或 V 层，或者同时改变两者。只要 C 层改变了 M 层的数据或者属性，V 层就会自动更新；只要 C 层改变了 V 层，V 层就会从 M 层中获取数据来刷新自己。MVC 模式最早是 SmallTalk 语言研究团队提出的，应用于用户交互应用程序中，而并不是仅仅针对 Web 项目的。具有窗口风格的桌面应用程序大多是 MVC 模式软件，就以常用的 Microsoft Word 为例。如果从设计者的角度来看这个软件的结构，显然，V 层是用户唯一可见的，也就是用户打开 Word 时看到的图形界面，它包括用于输入的各类界面，即可以操作的按钮及菜单等。M 层是用户不可见的，对于某个文档，它都有相应的模型，保存了文本内容、字号、背景色、纸张大小等信息，用来确保用户每次打开文档时都能正确显示。此外，M 层还要定义一些规则，例如，当用户添加或删除某些文本、改变了背景色时，此文档的模型要发生相应的变化。C 层是用户不可见的，它的作用就是管理 M 层及 V 层之间的交互。用户在键盘上输入某个字符，用鼠标选取某个菜单项，这一动作并不是直接传送给界面，而是作为一个请求发送给 M 层。M 层针对这一请求发生相应的变化，变化的信息再由 C 层返回 V 层，这时用户才能看到操作的结果。它是由事件触发 M 层方法，实现 V 层的改变而获得的。

综上所述，MVC 开发模式实际上是软件体系结构的一种模式，其基本思想是软件分层和面向对象的设计理念，其最终目的是提高软件系统的共享程度和可维护性。

2.4.2　Java Web 应用中的 MVC

早在 20 世纪 70 年代，IBM 公司就推出了 San Francisco 项目计划，其实就是 MVC 模式的研究。近来，随着 JavaEE 的成熟，MVC 正在成为 JavaEE 平台的一种推荐设计模型，也是广大 Java 开发者非常感兴趣的设计模型。MVC 模式也逐渐在 PHP 和 ColdFusion 开发者中采用，并有增长趋势。随着网络应用的快速增加，MVC 模式对于 Web 应用的开发无疑是一种非常先进的设计思想，无论选择哪种设计语言，无论应用多复杂，它都能为理解、分析应用模型提供最基本的分析方法和工具，为构造产品提供清晰的设计框架，为软件工程提供规范的依据。

MVC 在 Web 应用项目中的定义与其他软件系统（如桌面窗口程序）不同。以下说明是针对基于 JavaEE 的 Web 项目的。

视图代表人机交互界面，可以概括为浏览器界面，一般特指 JSP 页面，但有可能为

XHTML、XML 等。随着应用的复杂性和规模的增长,界面的处理也变得具有挑战性。一个应用可能有很多不同的视图,MVC 设计模式对于视图的处理仅限于视图上数据的采集和处理以及对用户请求的处理,而不包括对视图中的业务流程的处理。业务流程由模型处理。例如,一个订单的视图只接收来自模型的数据并显示给用户,并将用户界面的输入数据和请求传递给控制器和模型。

模型就是业务规则的制定、业务流程的实现等与业务需求有关的系统设计,也就是说它是与系统所应对的领域逻辑有关,因此很多时候也将业务逻辑层称为领域层。它可以是 JavaBean,还可以是普通 Java 类,也可以是 EJB。一个设计良好的 M 层往往具有标准的应用接口和可重用性。实际上,在具体项目开发中,往往会采用成熟的组件,使得开发效率得以大大提高。M 层在 Web 项目中的独立性最高,一般情况下,模型返回的数据不带任何显示格式,因此在 JavaEE 项目中不建议 V 层直接调用 M 层,也就是说,前几章介绍的开发模式(JSP+JavaBean)在 MVC 模式中是不推荐采用的。

业务模型还有一个很重要的模型,那就是数据模型。数据模型主要指实体对象的数据保存(持久化),例如,将订单保存到数据库,从数据库获取订单。可以将这个模型单独列出,所有有关数据库的操作只限制在该模型中。该模型为 DAO(Data Access Object,数据访问对象)层,在第 9 章中会介绍。

控制器的作用可以理解为从用户接收请求,将模型与视图匹配在一起,共同完成用户的请求。划分 C 层的作用也很明显,它清楚地表明自己是一个分发器,选择什么样的模型和什么样的视图,可以处理什么样的用户请求。C 层一般不进行任何数据处理。例如,用户单击一个链接,C 层接收请求后,并不处理业务信息,而只把用户的信息传递给模型,告诉模型做什么,并根据模型的计算结果,选择符合要求的视图返回给用户。因此,一个模型可能对应多个视图,一个视图也可能对应多个模型,当中完全由 C 层来联系。

在 JavaEE 中,Servlet 起到了 C 层的作用,显然,它是最合适的选择。因为 Servlet 利用内置对象可以方便地与 V 层(JSP 页面)进行数据通信(获取用户提交的信息、转发 JSP 页面相关数据及进行页面重定向等)。而且,Servlet 本身就是 Java 类,它与 M 层(JavaBean、Java 类)的联系是无缝的。所以,Servlet 起到了 M 层与 C 层之间的桥梁作用。

综上所述,MVC 的处理过程是:首先 C 层接收用户的请求,并决定应该调用 M 层的哪个模型来进行处理,然后模型用业务逻辑处理用户的请求并返回数据,最后 C 层用相应的视图格式化模型返回的数据,并通过 V 层呈现给用户。图 2-9 说明了这个过程。

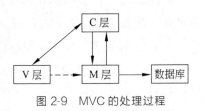

图 2-9　MVC 的处理过程

2.4.3　关于 MVC 模式的总结

以前大部分 Web 应用(如 JSP 页面、ASP 页面)是不分层的。它们将类似于数据库查询语句的数据层代码和 HTML 表示层代码混在一起。经验丰富的开发者会将数据从表示层分离出来,但这通常不是很容易做到的,它需要精心计划和不断尝试。MVC 从根本上强制性地将它们分开。尽管构造 MVC 模式的 Web 应用需要一些额外的工作,但是它带来的好处是毋庸置疑的。

它最重要的优点是多个视图能共享一个模型。现在的项目需要用越来越多的方式来访问应用程序。对此,一个解决方法是使用 MVC 模式,无论用户想要 Flash 界面还是 WAP 界面,用一个模型就能处理它们。由于将数据和业务规则从表示层分开,所以可以最大化重用代码。

由于模型返回的数据没有进行格式化,所以同样的构件能被不同界面使用。例如,很多数据可能用 HTML 来表示,也可能用 Flash 或 WAP 来表示。模型也有状态管理和数据持久性处理的功能,例如,基于会话的购物车和电子商务过程也能被 Flash 网站或者无线联网的应用程序所重用。

因为模型是自包含的,并且与控制器和视图相分离,所以很容易改变应用程序的数据层和业务规则。如果想把数据库从 MySQL 移植到 Oracle,或者把基于 RDBMS 的数据源改变为 LDAP,只需改变模型即可。一旦正确地实现了模型,不管数据来自数据库还是 LDAP 服务器,视图都会正确地显示它们。由于采用 MVC 模式的 Web 应用的 3 个部件是相互独立,改变其中一个不会影响其他两个,所以依据这种设计思想能构造良好的松耦合的构件。

另外,控制器也提供了一个好处,就是可以连接不同的模型和视图,以完成用户的需求,这样,控制器就可以为构造 Web 应用提供强有力的手段。给定一些可重用的模型和视图,控制器可以根据用户的需求选择模型进行处理,然后选择视图将处理结果显示给用户。

最后,它还有利于软件工程化管理。由于不同的层各司其职,每一层不同的应用具有某些相同的特征,有利于通过工程化、工具化手段产生管理程序代码。

当然,MVC 模式也存在着一些问题,具体分析如下。

(1) 增加了系统结构和实现的复杂性。对于简单的界面,严格遵循 MVC 模式,使模型、视图与控制器分离,会增加结构的复杂性,并可能产生过多的更新操作,降低运行效率。

(2) 视图与控制器间的连接过于紧密。视图与控制器是相互分离的,但又是联系紧密的部件。没有控制器,视图的应用是很有限的;反之亦然。这样就妨碍了两者的独立重用。

(3) 视图对模型数据的访问效率低。依据模型操作接口的不同,视图可能需要多次调用才能获得足够的显示数据。对未变化的数据不必要的频繁访问也会影响操作性能。当然,目前有一种新技术可以解决该类问题,如 Ajax 技术等异步通信技术。

(4) 目前很多高级的界面工具或构造器不支持 MVC 模式。改造这些工具以适应 MVC 模式的需要和建立分离部件的代价是很高的,从而造成使用 MVC 模式的困难。

2.5　案例——用户登录系统

2.5.1　需求分析

因为本节主要目的是阐述 MVC 模式的设计思想及其运用,故用户登录系统业务并不复杂。假定它的需求为用户通过用户名、密码登录。系统用例说明如表 2-2 所示。

表 2-2　系统用例说明

用例名称	注册用户登录
UC 编号	SUC001
用例简述	用户输入用户名、密码进行登录
用例图	略
主要流程	(1) 在登录页面输入用户名、密码。 (2) 单击"提交"按钮。 (3) 若后台验证成功,页面迁移到主页面(main.jsp)。 (4) 若后台验证失败,停留在登录页面,并提示"用户名或密码错误"
替代流程	无
例外流程	无
业务规则	略
其他	无

2.5.2　系统设计与 MVC 实现

1. 页面设计

该用例只有两个页面: login.jsp 和 main.jsp。为了说明问题,这两个页面可以设计得简单一些。

login.jsp 代码如下:

```
<%@ page contentType="text/html;charset=utf-8" %>
<HTML>
<BODY bgcolor=pink><Font size=5>
<FORM action="LoginServlet" Method="post">
<BR>输入账号:
<BR><Input type=text name="account">
<BR>输入密码:
```

```
<BR><Input type=password name="secret">
<BR><Input type=submit name="g" value="提交">
</FORM>
<% if(request.getAttribute("log")!=null){
    String str=(String)request.getAttribute("log");
    if(str.equals("error"))
        out.println("<br>用户名或者密码错误");
} %>
</FONT>
</BODY>
</HTML>
```

main.jsp 代码如下：

```
<%@ page contentType="text/html;charset=utf-8" %>
<HTML>
<BODY BGcolor=yellow>
<FONT SIZE=5>
<P>欢迎进入网上书店
</FONT>
</BODY>
</HTML>
```

2. M 层设计

关于 LoginManagement 类的设计，由于目前暂时不考虑访问数据库，只作简单的匹配判断，从该例子实际使用效果出发，本来可以不设计该类，由相关 Servlet 直接处理。本节之所以设计该类，向读者传递两点：

（1）展示严格意义上的 M 层和 C 层的概念。

（2）如果用户程序要扩展登录的功能，如写日志等内容，则设计该类就有必要了，因为 C 层一般不处理业务流程，只作为 V 层与 M 层的桥梁。

以下是该类的参考代码。

```
package model;
public class LoginManagement {
    public static boolean login(String userName,String pass){
        /**不考虑访问数据库 */
        if(userName.equals("123456") && pass.equals("123"))
            return true;
        return false;
    }
}
```

3. C 层设计

C层设计也就是 Servlet 的设计,其功能主要是从 V 层获取用户提交的信息并作必要的处理(中文处理),调用业务层方法,根据结果进行页面转移,并利用 request 内置对象把数据传递到目的页面。以下为参考代码:

```java
package Servlet;
import java.io.IOException;
import java.io.PrintWriter;
import javax.servlet.RequestDispatcher;
import javax.servlet.ServletException;
import javax.servlet.http.HttpServlet;
import javax.servlet.http.HttpServletRequest;
import javax.servlet.http.HttpServletResponse;
import model.LoginManagement;
@WebServlet("/LoginServlet")
public class LoginServlet extends HttpServlet {
    ...
    public void doGet(HttpServletRequest request, HttpServletResponse response)
            throws ServletException, IOException {
        String account=request.getParameter("account");
        if(account==null) {account="";}
        String secret=request.getParameter("secret");
        if(secret==null) secret="";
        RequestDispatcher dispatcher=null;
        if(LoginManagement.login(account, secret)) {      //登录成功
            request.setAttribute("log", "ok");
            dispatcher=getServletContext().getRequestDispatcher("/main.jsp");
        }
        else {                                            //登录失败
            request.setAttribute("log", "err");
            dispatcher=getServletContext().getRequestDispatcher("/login.jsp");
        }
        dispatcher.forward(request, response);
    }
    public void doPost(HttpServletRequest request, HttpServletResponse response)
            throws ServletException, IOException {
        doGet(request,response);
    }
    ...
}
```

2.6 本章小结

　　Servlet技术与JSP技术各有特点。在MVC模式下,由于Servlet支持内置对象,所以与前端页面通信无障碍。同时,Servlet又是一个普通的Java类,所以与业务层(M层)无缝集成。因此,Servlet在MVC模式下主要承担控制器的作用。JSP的技术特点决定了它在MVC模式下主要承担视图的作用。

第 3 章　内置对象技术

JSP 页面或 Servlet 页面的内置对象由容器(服务器)提供,可以使用标准的变量访问这些对象,并且不用编写任何额外的代码,在 JSP 页面或 Servlet 页面中使用。在 JSP 2.0 规范中定义了以下 9 个内置对象：request(请求对象)、response(响应对象)、session(会话对象)、application(应用程序对象)、out(输出对象)、page(页面对象)、config(配置对象)、exception(异常对象)、pageContext(页面上下文对象)。在本章中,将对它们进行介绍,并通过示例介绍它们的具体使用方法。

3.1　内置对象概述

Web 应用程序的特点是一个 JSP 文件(或者一个 Servlet)相当于一个独立的运行单元,类似于一个独立的应用程序,并由容器(Tomcat)统一管理。对于一个实际项目来说,不可能只有一张页面,且页面之间存在着各类内部数据的实时通信及共享问题,例如,把 A 页面登录数据传递到 B 页面进行验证,购物车的设计涉及若干页面共享数据问题,公告栏涉及不同用户的数据共享问题。而且,在实际项目中,存在着对各类请求/响应的一些特殊要求等。因此,容器根据规范要求,向用户提供了一些内置对象,用于解决上述问题,并负责对这些对象的管理,包括内置对象的生存期、作用域等。

在这些内置对象中,request、response 对象是在客户端请求 JSP 页面或 Servlet 页面时,由容器实时生成并作为服务参数传递给 JSP 文件(实际上是 Servlet),在请求/响应过程结束时由容器回收;session 一般是在用户开始登录系统时生成的,在退出系统时由容器回收。

3.2　request 对象

request 对象最主要的作用在当次请求中进行数据传递，当请求发起方（JSP 页面或 Servlet 页面，甚至是 HTML 页面）向另一方（JSP 页面或 Servlet 页面）发起请求时，容器（服务器）会将客户端的请求信息包装在这个 request 对象中，请求信息的内容包括请求的头信息、请求的方式、请求的参数名称和参数值等信息。request 对象封装了用户提交的信息，通过调用该对象相应的方法可以获取来自客户端的请求信息，然后根据不同需求做出响应。它是 HttpServletRequest 类的实例。

3.2.1　主要方法

request 对象的主要方法如表 3-1 所示。

表 3-1　request 对象的主要方法

方　法　名	方　法　说　明
getAttribute(String name)	返回指定属性的值
getAttributeNames()	返回所有可用属性名
getCharacterEncoding()	返回字符编码方式
getContentLength()	返回请求体的长度（以字节为单位）
getContentType()	得到请求体的 MIME 类型
getInputStream()	得到请求体中的二进制流
getParameter(String name)	返回指定参数的值
getParameterNames()	返回所有可用参数名
getParameterValues(String name)	返回包含指定参数的所有值的数组
getProtocol()	返回请求方使用的协议类型及版本号
getServerName()	返回接收请求的服务器主机名
getServerPort()	返回服务器接收请求所用的端口号
getReader()	返回解码后的请求体
getRemoteAddr()	返回发送请求的客户端 IP 地址
getRemoteHost()	返回发送请求的客户端主机名
setAttribute(String key,Object obj)	设置指定属性的值
getRealPath(String path)	返回指定虚拟路径的真实路径

续表

方 法 名	方 法 说 明
getMethod()	返回客户端向服务器传输数据的方式
getRequestURL()	返回发出请求字符串的客户端地址
getSession()	创建一个 session 对象

下面的程序给出了 request 对象的常用方法示例,通常使用 request 对象获得客户端传来的数据。

Example3_1.jsp 代码如下:

```
<%@ page contentType="text/html;charset=utf-8" %>
<!DOCTYPE html>
<html>
<head>
    <title>requestHTML.html</title>
</head>
<body>
    <form action="RequestHTML" method="post">
        用户名:
        <input type="text" name="name"><br>
          密 码:
        <input type="text" name="pass"><br>
          
        <input type="submit" value="提交">
    </form>
    <br>
</body>
</html>
```

RequestHTML.java 代码如下:

```
public class RequestHTML extends HttpServlet {
    ...
}
public void doGet (HttpServletRequest request, HttpServletResponse response)
        throws ServletException, IOException {
    response.setContentType("text/html");
    PrintWriter out = response.getWriter();
    //请求方式
    System.out.println(request.getMethod());
    //请求的资源
    System.out.println(request.getRequestURI());
    //请求用的协议
```

```
System.out.println(request.getProtocol());
//请求的文件名
System.out.println(request.getServletPath());
//服务器主机名
System.out.println(request.getServerName());
//服务器的端口号
System.out.println(request.getServerPort());
//客户端 IP 地址
System.out.println(request.getRemoteAddr());
//客户端主机名
System.out.println(request.getRemoteHost());
String user=request.getParameter("name");
if(user==null)user="无输入";
String pass=request.getParameter("pass");
if(pass==null)user="无输入";
System.out.println("user="+user+"pass="+pass);
}
```

如果输入 123 和 123,输出如下:

```
POST
/JSP1501/RequestHTML
HTTP/1.1
/RequestHTML
localhost
8080
127.0.0.1
127.0.0.1
user=123 pass=123
```

3.2.2 常用技术

1. 用 getParameter()方法获取表单提交的信息

request 对象获取客户端提交的信息的常用方法是 getParameter(String key),其中 key 与 JSP(或 HTML)页面中表单的各输入域(如 text、checkbox 等)的 name 属性一致。在下面的示例中,form1.jsp 页面通过表单向 servlet(requestForm1)提交用户名和密码信息,requestForm1 通过 request 对象获取表单提交的信息。

form1.jsp 示例代码:

```
<%@ page contentType="text/html;charset=utf-8" %>
<html>
  <body>
    <form action="requestForm1" method="post">
```

```
<P>姓名:<input type="text" size="20" name="UserID"></P>
<P>密码:<input type="password" size="20" name="UserPWD"></P>
<P><input type="submit" value="提 交"> </P>
</form>
</body>
</html>
```

表单提交的方法主要有两种:get 与 post,二者的主要区别是前一种方法会在提交过程中在地址栏中显示提交的信息。

requestForm1 核心代码:

```
public void doGet(HttpServletRequest request, HttpServletResponse response)
        throws ServletException, IOException {
    response.setContentType("text/html");
    String name=request.getParameter("UserID");
    String pass=request.getParameter("UserPWD");
    System.out.println(name);
    System.out.println(pass);
}
```

中文显示问题包括两方面:其一是页面在浏览器中的中文显示问题,JSP 文件的默认编码为 ISO-8859-1,应改为 uft-8;其二是中文字符在不同环境(HTML、JSP、Servlet、数据库)中的传输问题,如从 JSP 传输到 Servlet,因为不同环境下默认编码不一样,会产生中文乱码问题。解决办法如下:

(1) 服务器端重新编码技术:

```
String user=request.getParameter("UserID ");
if(user==null) user="无输入";
byte b[]=user.getBytes("ISO-8859-1");
user=new String(b);
```

(2) 用过滤器技术。5.2 节中会有说明。

(3) 随着集成开发环境版本的升级,中文问题可以通过平台的设置来解决。以 Eclipse 为例,可以通过 Window→Properties→General→Workspace→Text file encoding 设置项目空间的字符编码方式,一般设为 UTF-8,如图 3-1 所示。

2. 用 getParameterValues()方法获取表单成组信息

通过 request 对象的 getParameterValues()方法可以获得指定参数的成组信息,通常在表单的复选框中使用。该方法的原型如下:

```
public String[] getParameterValues(String str)
```

在下面的示例中,form2.jsp 表单中有 3 个复选框。选择复选框后,表单信息提交给 servlet(requestForm2.class)。在 Servlet 中使用 getParameterValues()方法获取复选框的

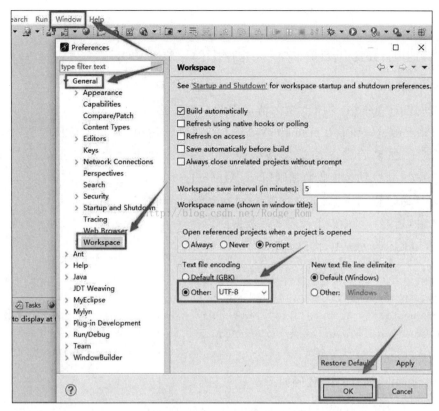

图 3-1　设置中文编码

成组信息并输出。

form2.jsp 代码如下：

```jsp
<%@ page contentType="text/html;charset=utf-8" %>
<html>
<body>
<form id="form1" name="form1" method="post" action="requestForm2">
    请选择喜欢的水果:<p>
    <input type="checkbox" name="checkbox" value="apple" />apple
    <input type="checkbox" name="checkbox" value="banana" />banana
    <input type="checkbox" name="checkbox" value="peach" />peach<p>
    <input type="submit" name="Submit" value="提交" />
</form>
</body>
</html>
```

requestForm2.java 核心代码：

```java
String[] temp=request.getParameterValues("checkbox");
System.out.println("你喜欢的水果是:");
```

```
for (int i=0; i<temp.length; i++){
    System .out.println(temp[i]+" ");
```

在实际的项目开发中,目前很少采用这种技术,一般用 JSON 数据方式。

3. getAttribute()及 request.setAttribute()方法的应用

如上所述,request 主要用于当次请求中的数据传递(两个 JSP 页面或 Servlet 页面之间)。getParameter()和 getParameterValues()方法用于后端(Servlet 或 JSP)获取前端的各类表单信息。如果后端向前端发回数据(也是一次请求过程),则需要用到 request.setAttribute()方法,前端接收数据则用 getAttribute()方法。

例如,传递过程为 login.jsp(前端)→LoginServlet(后端)→login.jsp(前端),则对于 LoginServlet(后端),可用以下代码实现数据回传。

(1) 在 doGet()方法中,代码如下:

```
RequestDispatcher dispatcher=null;
if(!LoginManagement.login(account, secret))              //登录失败
    request.setAttribute("log", "error");               //request 中写数据
dispatcher=getServletContext().getRequestDispatcher("/login.jsp");
dispatcher.forward(request, response);                   //向前端发数据
```

(2) 在前端 login.jsp 中,代码如下:

```
<% if(request.getAttribute("log")!=null){
    String str=(String)request.getAttribute("log");
    if(str.equals("error"))
        out.println("<br>用户名或者密码错误");
} %>
```

另外,利用 request 可以传递任意类型对象数据。

有时,项目要求传递其他类型值。例如,在一个 Servlet 中,通过数据库操作,得到一个学生记录集,以二维数组形式存放,具体可以用 ArrayList 实现。进一步把该记录集发回 JSP 页面,以显示该记录集,此时就可以利用 request 的 setAttribute(String key,Object obj)和 getAttribute(String key)来设值和取值了。代码如下:

(1) Servlet 中的代码如下:

```
ArrayList studentList;                                   //其具体值的获得代码略
request.setAttribute("student",studentList );
...                                                      //提交到 A.jsp
```

(2) A.jsp 中的代码如下:

```
ArrayList list=(ArrayList)request. getAttribute("student");
```

在实际的项目开发中,目前很少采用这种技术,一般用 JSON 数据方式。

4. 文件处理

文件上传和下载是 Web 项目的常用功能。默认情况下，前端通过网络传输的是符合 HTTP 要求的文本串（HTML 表单的所有内容，包括表单的数据），此时，enctype 的值为 application/x-www-form-urlencoded。服务器通过解析，让 request 的各种方法获取文本串数据。而文件上传则需要二进制流数据，这需要改变报文格式，enctype＝multipart/form-data，表单才会把文件的内容编码到 HTML 请求中；在服务器端，用 request. getInputStream()方法获得二进制流数据，具体实现会在以后章节说明。

3.2.3 作用域与生命周期

只要发出一个请求，服务器就会创建一个 request 对象，它的作用域是当前请求过程。一般情况下，一个请求过程包括两个对象（发起方与接受方），可以是两个 JSP 页面之间、两个 Servlet 页面之间，当然也可以是 JSP 页面与 Servlet 页面之间。其生命周期也是一个请求过程。

综上所述，request 就是两个服务器对象之间的数据传递工具。

3.3 response 对象

request 对象和 response 对象是相辅相成的，request 对象用于封装客户端的请求报文信息。response 对象用于处理服务器对客户端的一些响应。response 对象可以对客户端做出动态响应，主要是向客户端发送头部数据。它是 HttpServletResponse 类的实例。

3.3.1 主要方法

response 对象的主要方法如表 3-2 所示。

表 3-2 response 对象的主要方法

方　法　名	方　法　说　明
addCoolie(Cookie cookie)	向客户端写入一个 Cookie
addHeader(String name,String value)	添加 HTTP 头
containsHeader(String name)	判断指定的 HTTP 头是否存在
encodeURL(String url)	把 SessionID 作为 URL 参数返回客户端
getOutputStream()	获得到客户端的输出流对象
getWriter()	返回输出字符流

续表

方　法　名	方 法 说 明
sendError(int)	向客户端发送错误信息
sendRedirect(String url)	重定向请求
setContentType(String type)	设置响应的 MIME 类型
setHeader(String name，String value)	设置指定的元信息值。如果该值已经存在，则新值会覆盖旧值

3.3.2　常用技术

1. 使用 response 对象设置 HTTP 头信息

这里主要介绍两个方法：setContentType()和 setHeader()。

setContentType()方法可以动态改变 ContentType 的属性值，参数可设为 text/html、text/plain、application/x-msexcel、application/msworld 等。该方法的作用是：客户端浏览器区分不同种类的数据，并调用浏览器内不同的程序嵌入模块来处理相应的数据。例如，Web 浏览器就是通过 MIME 类型来判断文件是否为 GIF 图片的。通过 MIME 类型来处理 JSON 字符串。Tomcat 的安装目录\conf\web.xml 中定义了大量 MIME 类型，读者可以自行了解。

response.setHeader 用来设置返回页面的元(meta)信息。元信息用来在 HTML 文档中模拟 HTTP 的响应头报文。<meta>标签用于网页的<head>与</head>中，例如：

<meta name="Generator" contect="">用于说明页面生成工具。

<meta name="Keywords" contect="">用于说明页面的关键词。

<meta name="Description" contect="">用于说明网站的主要内容。

<meta name="Author" contect="你的姓名">用于说明网站的制作者。

例如，利用 response 对象将 contentType 属性值设置为 application/x-msexcel。

（1）A.txt 内容如下：

```
34    79    51    99<br>
40    69    92    22<br>
67    71    85    20<br>
72    30    78    38<br>
55    61    39    43<br>
43    81    10    55<br>
36    93    41    99<br>
```

（2）contenttype.html 代码如下：

```
<HTML>
```

```
<BODY bgcolor=cyan><Font size=5>
  <P>您想使用什么方式查看文本文件 A.txt？
    <FORM action="response1.jsp" method="post" name=form>
    <INPUT TYPE="submit" value="word" name="submit1">
    <INPUT TYPE="submit" value="excel" name="submit2">
    </FORM>
</FONT>
</BODY>
</HTML>
```

（3）response1.jsp 代码如下：

```
<%@ page contentType="text/html;charset=gb2312"%>
<HTML>
<BODY>
  <%
      String str1=request.getParameter("submit1");
      String str2=request.getParameter("submit2");
      if (str1==null) {
          str1="";
      }
      if (str2==null) {
          str2="";
      }
      if (str1.startsWith("word")) {
          response.setContentType("application/msword;charset=GB2312");
          out.print(str1);
      }
      if (str2.startsWith("excel")) {
          response.setContentType("application/x-msexcel;charset=GB2312");
      }
  %>
  <jsp:include page="A.txt"/>
</BODY>
</HTML>
```

2. 使用 response 实现重定向

对于 response 对象的 sendRedirect() 方法，可以将当前客户端的请求转到其他页面，相应的代码格式为

```
response.sendRedirect("URL 地址");
```

下面的示例中，login.html 提交姓名到 response3.jsp 页面。如果提交的姓名为空，需要重定向到 login.html 页面；否则显示欢迎页面。

login.html 代码如下：

```
<HTML>
    <BODY>
        <FORM ACTION="response3.jsp" METHOD="POST">
        <P>姓名:<INPUT TYPE="TEXT" SIZE="20" NAME="UserID"></P>
        <P><INPUT TYPE="SUBMIT" VALUE="提 交"> </P>
        </FORM>
    </BODY>
</HTML>
```

response3.jsp 代码如下：

```
<%@ page contentType="text/html;charset=GB2312" %>
<HTML>
<BODY>
    <%
        String s=request.getParameter("UserID ");
        byte b[]=s.getBytes("ISO-8859-1");
        s=new String(b);
        if (s==null) {s="" ; response.sendRedirect("login.html");}
        else out.println("欢迎您来到本网页!"+s);
    %>
</BODY>
</HTML>
```

注意,用 dispatcher.forward(request，response)方法和 response 对象中的 sendRedirect ()方法都可以实现页面的重定向,但二者是有区别的。前者只能在本网站内跳转,且跳转后,在地址栏中仍然显示以前页面的 URL,跳转前后的两个页面属同一个 request 对象,用户程序可以用 request 对象设置或传递用户程序数据。response.sendRedirect 则不一样,它相对前者是绝对跳转,在地址栏中显示的是跳转后页面的 URL,跳转前后的两个页面不属于同一个 request 对象。当然也可以用其他技术手段来保证 request 对象为同一个,但这不在本节的讨论范围内。对于后者来说,可以跳转到任何一个地址的页面。例如:

```
response.sendRedirect ("http: //www.baidu.com/")
```

3. 利用 response 的 body 数据区

在 Web 服务的异步处理过程中,服务器一般采用向 response 的 body 数据区写数据(一般是普通文本串或格式化文本串,如 JSON 文本串)的方式实现与客户端的异步通信。当然,写数据的工具是另一个内置对象 out。关于异步处理,会在以后章节介绍。

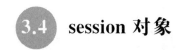

3.4 session 对象

3.4.1 基本概念和主要方法

session 是会话的意思,指的是客户端与服务器的一次会话过程,以便跟踪每个用户的操作状态。一般情况下,session 对象在第一个 JSP 页面或 Servlet 被装载时由服务器自动创建,并在用户退出应用程序时由服务器销毁,完成会话期管理,这也是 session 对象的生命周期。服务器为每个访问者都设立一个独立的 session 对象,用于存储 session 变量,并且各个访问者的 session 对象互不干扰。

session 对象是 HttpSession 类的实例。session 机制是一种服务器端的机制,服务器使用类似于散列表的结构(也可能就是散列表)来管理客户端信息,因此在实际项目中,应该注意慎用 session 对象,以免服务器内存溢出。服务器为每个客户新建一个 session 对象时产生一个唯一的 sessionID 与 session 相关联,这个 sessionID 的值是一个既不会重复又不容易找到规律以伪造的字符串,而且它保存在客户端的 Cookie 中。如果客户端不支持 Cookie,那么就不能使用 session。可以通过重写 URL 等技术来保证 sessionID 的唯一性。

在实际的项目中,session 对象往往作为一次会话期内共享数据的容器,用户程序可以把最能标识用户的信息(如用户名、密码及权限等)存放在 session 对象中,以便对用户进行管理。表 3-3 为 session 对象的主要方法。

表 3-3　session 对象的主要方法

方 法 名	方 法 说 明
getAttribute(String name)	获取与指定名称关联的 session 属性值
getAttributeNames()	取得 session 内所有属性的集合
getCreationTime()	返回 session 创建时间,单位为千分之一秒
getId()	返回 session 创建时 JSP 引擎为它设置的唯一的 sessionID
getLastAccessedTime()	返回当前 session 中客户端最后一次访问时间
getMaxInactiveInterval()	返回两次请求间隔时间,以秒为单位
getValueNames()	返回一个包含此 session 中所有可用属性的数组
invalidate()	取消 session,使 session 不可用
isNew()	判断是否为新创建的 session
removeValue(String name)	删除 session 中指定的属性
setAttribute(String name, Object value)	设置指定名称的 session 属性值
setMaxInactiveInterval()	设置两次请求间隔时间,以秒为单位

下面的程序用到了 session 的一些常用方法,代码如下:

```jsp
<%@ page contentType="text/html;charset=gb2312"%>
<%@ page import="java.util.*;"%>
<html>
<head>
    <title>session 对象示例</title>
</head>
<body>
    <br>
    session 的创建时间:<%=session.getCreationTime()%>  
    <!--返回从 1970 年 1 月 1 日 0 时起到计算时的毫秒数-->
    <%=new java.sql.Time(session.getCreationTime())%>
    <br>
    session 的 Id 号:<%=session.getId()%><br>
    客户端最近一次请求时间:
    <%=session.getLastAccessedTime()%>  
    <%=new java.sql.Time(session.getLastAccessedTime())%><br>
    两次请求间隔多长时间此 session 被取消(ms):
    <%=session.getMaxInactiveInterval()%><br>
    是否是新创建的一个 session:<%=session.isNew() ?"是" : "否"%><br>
    <%
        session.setAttribute ("name", "练习 session");
        session.setAttribute ("name2", "10000");
        out.println("name"=+getAttribute("name"));
        out.println("name2"=+getAttribute("name2"));
    %></body></html>
```

以上程序显示了如何获知 session 的创建时间、sessionID 以及 session 的生命周期等。程序运行结果如图 3-2 所示。

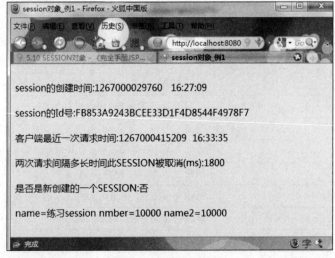

图 3-2　程序运行结果

  session 对象生命周期结束有几种情况：客户端关闭浏览器，session 过期，调用 invalidate 方法使 session 失效，等等。

  为了保证系统安全，session 对象有默认的活动间隔时间，通常为 1800s，这个时间可以通过 setMaxInactiveInterval()方法设置，单位是 s(秒)。该方法的原型如下：

```
public void setMaxInactiveInterval(int n)
```

以下程序给出关于 session 生命周期的设置方法示例：

```
<%@ page contentType="text/html;charset=GB2312" %>
<%@ page import="java.util.*"%>
<html>
<body>
<h2>JspSession Page</h2>
会话标识:<%=session.getId()%>
<p>创建时间:<%=new Date(session.getCreationTime())%>
<p>最后访问时间:<%=new Date(session.getLastAccessedTime())%>
<p>是否是一次新的对话???<%=session.isNew()%>
<p>原设置中的一次会话持续的时间:<%=session.getMaxInactiveInterval()%>
<%--重新设置会话的持续时间--%>
<%session.setMaxInactiveInterval(100);%>
<p>新设置中的一次会话持续的时间:<%=session.getMaxInactiveInterval()%>
<p>属性 UserName 的原值:<%=session.getAttribute("UserName")%>
<%--设置属性 UserName 的值--%>
<%session.setAttribute("UserName","The first user!");%>
<p>属性 UserName 的新值:<%=session.getAttribute("UserName")%>
</body>
</html>
```

程序运行结果如图 3-3 所示。

图 3-3 程序运行结果

3.4.2 常用技术

1. 多页面数据共享技术

对于多页面的 Web 应用系统,一个用户在一个会话期内可能出现以下两种多页面数据共享的情况:

- 登录后,把相关登录信息(如用户名、角色、权限等)保存在数据共享区内,相当于一个会话期内的全局变量,给其他页面或 Servlet 查询这些信息提供便利。
- 在特定情形下,多页面数据共享也是电子商务购物车技术实现的方案之一。多页面相当于多货架,购物车相当于多页面数据共享。

实现以上技术的原理简述如下:

(1) 数据录入:

```
session.setAttribute(String key, Object value)
```

其中,value 是任意类型的 Java 对象,当然也可以是 JSON 对象,可存放各类数据。需要注意的是,在 Servlet 中,需要通过以下方法获得 session 对象:

```
session=request. getSession()
```

(2) 数据查询:

```
session.getAttribute(String key)
```

2. 安全控制技术

主要安全控制技术如下:

- 防止非法用户绕过登录页面,直接利用 URL 进入需要登录才能进入的页面。具体解决办法有两种:其一是利用 session 中的信息,在页面中进行合法性验证;其二是利用过滤器技术(以后章节会详细介绍)。
- 当登录用户由于特殊原因暂时离开时,非法用户趁机进行非法操作,会带来意想不到的损失。对于这种情况,除了安全意识教育外,还可以利用 session 进行技术防范,其主要原理是:设置有效的 session 活动间隔时间,默认是 30min,可以人工设置 session 对象的生命周期。
- 实现安全退出机制。关闭浏览器,并不能马上触发后台结束 session,这会带来意想不到的安全隐患。可在系统中专门设立"安全退出"按钮,单击该按钮,后台实际上调用 session.invalidate()方法,服务器同时回收内存。

3.5 **其他内置对象介绍**

3.5.1　application 对象

application 对象实现了用户间数据的共享。与 session 对象只存放一个用户的共享数据不同,application 对象可存放所有用户的全局变量。application 对象开始于服务器的启动,随着服务器的关闭而消亡。在此期间,此对象将一直存在,这样,在用户的前后两次连接或不同用户之间的连接中,可以对此对象的同一属性进行操作;在任何地方对此对象属性的操作都将影响到其他用户对此对象的访问。服务器的启动和关闭决定了application 对象的生命周期。它是 ServletContext 类的实例。表 3-4 是 application 对象的主要方法。

表 3-4　application 对象的主要方法

方　法　名	方　法　说　明
getAttribute(String name)	返回指定属性的值
getAttributeNames()	返回所有可用属性名
setAttribute(String name,Object object)	设置指定属性的值
removeAttribute(String name)	删除属性及其值
getServerInfo()	返回 JSP(或 Servlet)引擎名及版本号
getRealPath(String path)	返回指定虚拟路径的真实路径
getInitParameter(String name)	返回指定属性的初始值

从表 3-4 可见,application 对象的数据存取方式与 session 对象相似。在具体应用过程中,可以把 Web 应用的状态数据放入 application 对象中,如实时在线人数、公共留言等信息;也可使用 application 对象的 getInitParameter(String paramName)方法获取 Web 应用的参数,这些参数在 web.xml 文件中使用 context-param 元素配置。

3.5.2　out 对象

out 对象代表向客户端发送数据,发送的内容是浏览器需要显示的内容。out 对象是PrintWriter 类的实例,是向客户端输出内容时的常用对象。out 对象的主要方法如表 3-5所示。

表 3-5　out 对象的主要方法

方　法　名	方　法　说　明
clear()	清除缓冲区的内容
clearBuffer()	清除缓冲区的当前内容
flush()	清空流
getBufferSize()	返回缓冲区的大小(以字节为单位),如不设缓冲区则为 0
getRemaining()	返回缓冲区剩余空间大小
isAutoFlush()	返回缓冲区满时是自动清空还是抛出异常
println()	向页面输出内容
close()	关闭输出流

在同步请求/响应过程中,可以用 request 对象传递数据。而在异步请求/响应过程中,则可以用 response 对象向请求端输出字符数据流(如 JSON 文本串),这是通过 out 内置对象完成的,具体如下:

(1) 前端(浏览器)的 JSP 页面或者 HTML 页面发起一个异常请求(以后章节会介绍)。

(2) 后端(如 Tomcat、Servlet)接收数据,并在处理后写回文本串数据。

```
PrintWriter out=response.getWriter();
out.write("文本串");
```

文本串可以是简单的字符串,如"ok",也可以是 JSON 文本串。具体应用在以后章节会介绍。

3.5.3　config 对象

config 对象用于在一个 Servlet 初始化时 JSP 引擎向它传递信息,此信息包括 Servlet 初始化时要用到的参数(由属性名和属性值构成)以及服务器的有关信息(通过传递一个 ServletContext 对象提供)。config 对象的主要方法如表 3-6 所示。

表 3-6　config 对象的主要方法

方　法　名	方　法　说　明
getServletContext()	返回含有服务器相关信息的 ServletContext 对象
getInitParameter(String name)	返回初始化参数的值
getInitParameterNames()	返回初始化所需的所有参数

config 对象提供了对每一个给定的服务器小程序或 JSP 页面的 javax.servlet.ServletConfig 对象的访问方法。它封装了初始化参数以及一些方法。其作用范围是当前页面,而

在别的页面无效。config 对象在 JSP 中作用不大,而在 Servlet 中作用比较大。

3.5.4　exception 对象

exception 对象用于异常处理。当一个页面在运行过程中发生了异常,就会产生此对象。如果一个 JSP 页面要应用此对象,就必须把 isErrorPage 设为 true,否则无法编译。此对象是 java.lang.Throwable 的实例。exception 对象的主要方法如表 3-7 所示。

表 3-7　exception 对象的主要方法

方　法　名	方　法　说　明
getMessage()	返回描述异常的消息
toString()	返回关于异常的简短描述消息
printStackTrace()	显示异常及其栈轨迹
FillInStackTrace()	重写异常的执行栈轨迹

下面用一个示例来说明 exception 对象的用法。首先在 errorthrow.jsp 中抛出一个异常,代码如下:

```
<%@ page language="java" import="java.util.*;" pageEncoding="ISO-8859-1"
    errorPage="error.jsp"%>
<!DOCTYPE HTML PUBLIC "-//W3C//DTD HTML 4.01 Transitional//EN">
<html>
    <body>
        <% int result=1 / 0; %>
    </body>
</html>
```

在上面的代码中,使用 page 指令设定当前页面发生异常时重定向到 error.jsp,error.jsp 的代码如下:

```
<%@ page language="java" import="java.util.*"
pageEncoding="ISO-8859-1" isErrorPage="true"%>
  <%
    String path=request.getContextPath();
    String basePath=request.getScheme() + "://" + request.getServerName() +
        ":"+request.getServerPort()+path+"/";
  %>
<!DOCTYPE HTML PUBLIC "-//W3C//DTD HTML 4.01 Transitional//EN">
<html>
<head> <title>My JSP 'error.jsp' starting page</title></head>
<body>
error Message:getMessage() Method<br>
```

```
<% out.println(exception.getMessage());%>
<br><br>
Error String:toString() Method<br>
<% out.println(exception.toString());%>
</body>
</html>
```

程序运行结果如图 3-4 所示。

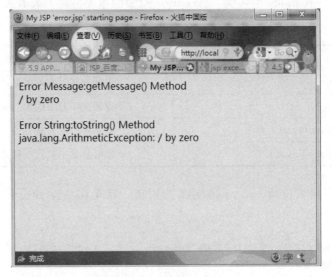

图 3-4　程序运行结果

注意,exception 对象不能在 JSP 文件中直接使用。如果要使用 exception 对象,要在 page 指令中设定<%@ isErrorPage＝"true"%>。

3.5.5　page 对象与 pageContext 对象

page 对象指向当前 JSP 页面本身,有点像类中的 this 指针。它是 java.lang.Object 类的实例,可以使用 Object 类的方法,例如 hashCode()、toString()等。page 对象在 JSP 程序中的应用不是很广,但是 java.lang.Object 类还是十分重要的,因为 JSP 内置对象的很多方法的返回类型是 Object,需要用到 Object 类的方法。读者可以参考相关的文档,这里就不详细介绍了。

pageContext 对象提供了对 JSP 页面内所有对象及名字空间的访问,也就是说它可以访问本页面所在的 session,也可以获取本页面所在的 application 对象的某一属性值。因此,相当于页面中所有功能的集大成者,它所属的类名也是 PageContext。pageContext 对象的主要方法如表 3-8 所示。

表 3-8　pageContext 对象的主要方法

方　法　名	方 法 说 明
getSession()	返回当前页中的 HttpSession 对象(session)
getRequest()	返回当前页的 ServletRequest 对象(request)
getResponse()	返回当前页的 ServletResponse 对象(response)
getException()	返回当前页的 Exception 对象(exception)
getServletConfig()	返回当前页的 ServletConfig 对象(config)
getServletContext()	返回当前页的 ServletContext 对象
setAttribute(String name,Object attribute)	设置属性的值
setAttribute(String name,Object obj,int scope)	在指定范围内设置属性的值
getAttribute(String name)	取属性的值
getAttribute(String name,int scope)	在指定范围内取属性的值
findAttribute(String name)	寻找指定属性,返回其属性值或 NULL
removeAttribute(String name)	删除指定属性
removeAttribute(String name,int scope)	在指定范围内删除属性
getAttributeScope(String name)	返回指定属性的作用范围
forward(String relativeUrlPath)	使当前页面导向另一页面

其中,scope 参数的值是 4 个常数,代表 4 种范围: PAGE_SCOPE 代表 page 范围, REQUEST _ SCOPE 代表 request 范围, SESSION _ SCOPE 代表 session 范围, APPLICATION_ SCOPE 代表 application 范围。

3.6　案例——主页面中的用户管理

3.6.1　需求分析

主页面如图 3-5 所示。

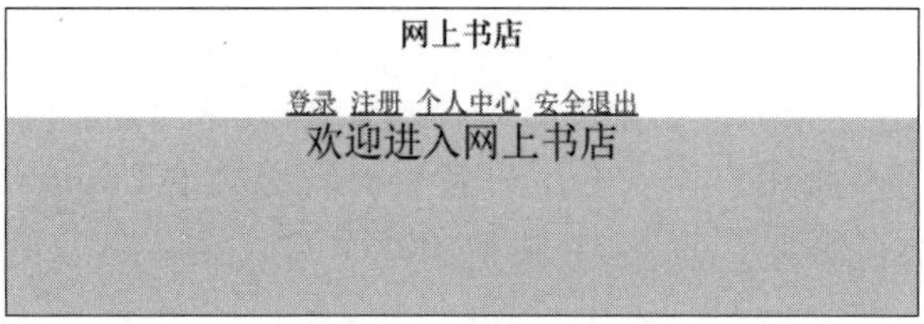

图 3-5　主页面

具体要求：登录前，若选择"个人中心"，则提示"请登录"；登录后，页面显示如图 3-6 所示。

<table>
<tr><td align="center">网上书店</td></tr>
<tr><td align="center">登录 注册 个人中心 安全退出 欢迎你123456
欢迎进入网上书店</td></tr>
</table>

图 3-6　登录后的主页面

在主页面显示"欢迎你×××"，并可进入"个人中心"。选择"安全退出"，则回到登录前的主页面。

3.6.2　技术设计

本案例的核心是验证合法用户，并控制其操作权限。在本案例中，采用 session 内置对象技术。具体设计如下：项目共有 3 个 JSP 文件，两个 Servlet，一个业务类，项目的目录结构如图 3-7 所示。页面迁移图如图 3-8 所示。

图 3-7　项目的目录结构

1. 登录过程

由登录页面 login.jsp 将用户输入的用户名和密码提交给 LoginSession，由该 Servlet 根据用户名和密码进行身份验证。若合法，则把用户名写入 session 对象中。LoginSession 核心代码如下：

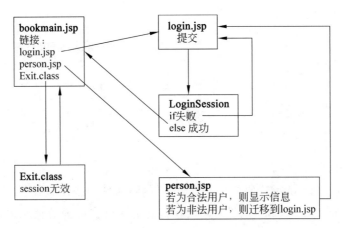

图 3-8　页面迁移图

```
@WebServlet("/LoginSession")
public void doPost (HttpServletRequest request, HttpServletResponse response)
        throws ServletException, IOException {
    HttpSession session=request.getSession();    //得到 session 对象
    String account=request.getParameter("account");
    String secret=request.getParameter("secret");
    RequestDispatcher dispatcher = null;
    if(LoginManagement.login(account, secret)){ //登录成功
        request.setAttribute("log", "ok");
        session.setAttribute("name", account);    //成功,向 session 对象中写入用户名
        dispatcher=getServletContext().getRequestDispatcher("/bookmain.jsp");
    }
    else {                                        //登录失败
        request.setAttribute("log", "err");
        dispatcher=getServletContext().getRequestDispatcher("/login.jsp");
    }
    dispatcher.forward(request, response);
}
```

2. 主页面 bookmain.jsp 设计

先判断 session 对象中是否已写入用户名。若已写入,说明登录成功,则在主页面中利用 JavaScript 技术改变相关的 HTML 内容,显示"欢迎你×××";若没有写入,说明用户登录未成功,则利用 JavaScript 技术把相关的 HTML 内容清空。核心代码如下:

```
<% String username=(String)session.getAttribute("name");
    if(username!=null){%>
        <script type="text/javascript">
            document.getElementById("welcome").innerHTML ("欢迎你"+"<%=
                username %>");
```

```
        </script>
    <% }
    else { %>
        <script >
            document.getElementById("welcome"). innerHTML (" ");
        </script>
    <%}
%>
```

请注意两个技术：

（1）在 JSP 文件中，Java 代码可与其他脚本混合，实现一些特殊需求。

（2）Java 代码与 JavaScript 代码之间的值传递方法。在上面的代码中，JavaScript 代码用到了 Java 代码的值。

3. "个人中心"页面设计

"个人中心"页面设计的基本思想与主页面类似。在页面中，先判断 session 对象中是否写入了用户名，根据结果作出操作。本案例作了简化处理，核心代码如下：

```
<%
    String name= (String) session.getAttribute("name");
    if(name==null)
        response.sendRedirect("login.jsp");
    else out.println("个人中心");
%>
```

4. "安全退出"设计

当用户选择"安全退出"时，提交给 Exit.class 处理。在该 Servlet 中，实际的动作就是使 session 无效（作废），并迁移到主页面，如图 3-9 所示。

在图 3-9 中，上下两个 bookmain.jsp 显示的内容是不一样的，请思考其原因。

Exit.class 的核心代码如下：

```
HttpSession session=request.getSession();
session.invalidate();
RequestDispatcher dispatcher=null;
dispatcher=getServletContext().getRequestDispatcher("/bookmain.jsp");
dispatcher.forward(request, response);
```

图 3-9　页面迁移

3.6.3　核心代码

bookmain.jsp 的核心代码如下：

```
%@ page language="java" import="java.util.*" pageEncoding="utf-8"%>
<!DOCTYPE HTML PUBLIC "-//W3C//DTD HTML 4.01 Transitional//EN">
<html>
<body>
<div>
    <div style="width: 800px; margin: auto;" align="center">
        <h3 align="center">网上书店</h3>
        <a href="login.jsp" >登录</a>
        <a href="" >注册</a>
        <a href="person.jsp" >个人中心</a>
        <a href="Exit">安全退出</a><span id="welcome"></span>
    </div>
        <div style="width: 800px; height: 800px; margin: auto;background: #d4dedf;"
        align="center"><span ><FONT SIZE=5>欢迎进入网上书店</FONT></span>
    </div>
    <% String username= (String)session.getAttribute("name");
        if(username!=null) {%>
        <script type="text/javascript">
        document.getElementById("welcome"). innerHTML ("欢迎你"+"<%=username %>");
        </script>
        <%}
        else { %>
        <script > document.getElementById("welcome"). innerHTML("");</script><%}
        %>
    </div>
</body>
</html>
```

3.7 本章小结

    JSP 内置对象可以在 JSP 页面中直接使用，在 Servlet 中，request 及 response 由容器直接生成并以参数方式传给相关 Servlet，其他内置对象需要从 pageContext 对象获得。在 9 个内置对象中，应重点掌握的是 request 对象、response 对象、session 对象以及 out 对象的用法。在后面的章节中，还将讨论 session 对象在程序中的应用。

第 4 章 　 JSON 与 Ajax 技术

JSON 是一种轻量级的数据交换工具,无论是在 Web 应用项目中还是在移动应用项目中,它都逐渐成为前后端数据交换的主流格式。本章首先介绍 Java 环境下的 JSON 对象及其解析方法。在 Web 应用系统中,异步请求模式越来越普遍,Ajax 尝试在 Web 应用中实现类似 C/S 应用中的功能和交互性,使之能快速响应用户的操作,从而提高用户体验。有多种技术可以实现 Ajax,本章介绍的是 Axios 技术。在此基础上,实现了 HTML+Axios+Servlet 开发模式,并通过对第 3 章案例的代码重构,说明该开发模式的特点。

4.1　JSON 基本概念

JSON(JavaScript Object Notation) 是一种数据表达方式,也是一种轻量级的数据交换工具。它是 ECMAScript 的一个子集,与 XML 相比,JSON 语法更简单,解析更容易,可以用于前台,也可以用于后台,现在已经成为前后台复杂数据描述及通信的主流工具。JSON 采用完全独立于语言的文本格式,但是也使用了类似于 C 语言家族(包括 C、C++、C♯、Java、JavaScript、Perl、Python 等)的习惯。这些特性使 JSON 成为理想的数据交换语言。它便于人阅读和编写,同时也便于计算机解析和生成。

JSON 的语法是 JavaScript 对象表示语法的子集,具体如下:

- 数据在键值对中。
- 数据由逗号分隔。
- 花括号保存对象。
- 方括号保存数组。

键/值对的形式为{key:value}。其中,key 为字符串;value 与 JavaScript 中的数据类型一致,有以下几种类型:

- 数字(整数或浮点数),例如{"age": 23}。
- 字符串,例如{"name":"张三"}。
- 逻辑值(true 或 false),例如{"已婚":false}。
- 数组,例如{"区":["海淀区","朝阳区","东城区","西城区"]}。
- 对象,例如{"personInfor":{"name":"张","age":24}}。
- NULL。

例如:

```
var person= {"name":"John Johnson","street":"Oslo West 555", "age":33,"phone":
"555-1234567"};
```

又如:

```
var UserList = [ {"UserID":11, "Name": {"FirstName":"Truly", "LastName": "Zhu"},
              "Email":"zhuleipro@hotmail.com"},
              {"UserID":12,"Name":{"FirstName":"Jeffrey","LastName":
              "Richter"}, "Email":"xxx@xxx.com"},
              {"UserID":13,"Name":{"FirstName":"Scott","LastName":"Gu"},
              "Email":"xxx2@xxx2.com"} ];
```

4.2 JavaScript 环境下的 JSON 技术

在 JavaScript 环境下,由于 JSON 是 JavaScript 对象,所以处理 JSON 对象与处理其他 JavaScript 对象一样,对其常用的增、删、改、查操作无须导入额外的包。

(1)增加、修改操作。例如:

```
var student={};                    //一个空对象
student.name="张三"                //结果为{"name": "张三"};
student["ID"]="123456"             //结果为{"name": "张三","ID":"123456"};
```

修改操作可按上述方法处理。

(2)取值、查询操作。例如:

```
var name=student.name
```

或

```
name=student["name"];
```

(3)遍历操作。类似于数组操作,不过,用 key 替换下标。例如:

```
for(var value in student)
    alert(student[value]);         //类似于数组下标(值为下标)
```

（4）删除操作。删除 JSON 对象中的一组键/值对，可用 delete(key)方法。例如：

```
delete(student ["name"]);
```

其结果相当于删除了"name"："张三"。

（5）其他操作，例如：JSON 格式字符串与 JSON 对象的相互转换。

客户端的浏览器与后台服务器的通信一般是以字符串形式进行的，因此，需要把前台的 JSON 对象转换成字符串形式；同样，从后台发过来的是 JSON 格式的字符串，前台接收后，也需要转换成 JSON 对象，以方便前台 JavaScript 处理，所以，JSON 对象与字符串的相互转换也是一种常用技术。这些转换工作由第三方技术（如 axios）自动完成。

4.3 Java 环境下的 JSON 技术

用 Java 实现 JSON 接口规范的工具包有很多，常用的有 jackson、fastonjson、gjson 以及 JSONLIB 等。本节介绍 fastonjson 工具包，该工具包是由阿里公司的开发团队开发的，可以从官网上下载 fastjson-1.2.75.jar，在 Eclipse 开发环境下，把包复制到 WEB-INFO/lib 目录下。

4.3.1 基础知识

在 Web 项目中，最需要关注的是不同环境之间的数据迁移。由于编程环境不一样，所需的数据样式及处理方式也不一样，JSON 格式的数据实际是前后端编程环境折中的结果。图 4-1 表示了不同编程环境下 JSON 数据的迁移与处理。

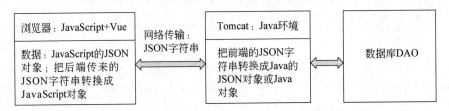

图 4-1　不同编程环境下 JSON 数据的迁移与处理

在 Java 环境下，不同的 JSON 处理包有自己的解析方式的具体实现，但基本功能都相似，一般都具有以下功能：

（1）JSON 字符串（浏览器传至服务器）与 Java 对象的相互转换功能，也就是反序列化。

（2）Java 对象转换成 JSON 字符串，也就是序列化。发送到前端后，由 JavaScript 反序列化为 JavaScript 环境下的 JSON 对象。

（3）Java 对象数组（或 List）序列化 JSON 字符串，发送到前端后，由 JavaScript 反序列化为 JavaScript 环境下的 JSON 对象数据。内部结构为 List 形式的 JSON 字符串。

（4）对树状结构的 JSONNode 的处理。

4.3.2 核心类及其用法

1. JSON 类

JSON 类主要提供了常用的序列化与反序列化操作，主要功能就是实现 JSON 字符串与 Java 对象的相互转换，常用的 API 如下：

```
public static final JSONObject parseObject(String text);
```

它把 JSON 字符串解析成 JSONObject 对象。

例如：

```
JSONObject ob1=JSON.parseObject(JSONStr);
public static final <T> T parseObject(String text, Class<T> clazz);
```

它把 JSON 字符串解析为 JavaBean。

例如：

```
User user = JSON.parseObject(jsonStr1, User.class);
public static final JSONArray parseArray(String text);
```

它把 JSON 字符串解析为 JSONArray。

例如：

```
JSONArray list=JSON.parseArray(jsonStr2);
public static final <T> List<T> parseArray(String text, Class<T> clazz);
```

它把 JSON 字符串解析为 JavaBean 集合。

例如：

```
List<User> users=JSON.parseArray(jsonStr2, User.class);
public static final String toJSONString(Object object);
```

它把 Java 对象序列化为 JSON 字符串。该对象可以是单个对象，也可以是 List 形式。
例如：

```
String userJsonStr=JSON.toJSONString(user);
public static final Object toJSON(Object javaObject);
```

它把 JavaBean 转换为 JSONObject 或者 JSONArray。
例如：

```
JSONObject jsonobj=(JSONObject)JSON.toJSON(user);
public static final JSON.toJavaObject(jsonObj, Class<T> clazz)
```

它把 JSONObject 对象转换为 Java 对象。

例如：

```
User user=(User)JSON.toJavaObject(jsonobj, User.class);
```

对于其他 API，读者可以查阅相关技术文档。

以下举例说明 API 的用法：

```
public class User {
    private String userName;
    private String passWord;
    private String tel;
    //构造器、set/get 方法、toString()由读者自行完成
    }
public static void JsonToObject() {
    //假设前端传来的是 JSON 字符串，注意前端 JSON 字符串的 key 与后端的 User 的数据属性
一致
    String jsonStr1 = "{'userName':'张三', 'passWord':'1234','tel':'1111'}";
    User user = JSON.parseObject(jsonStr1, User.class);
    System.out.println("JSON 字符串转简单 Java 对象:" + user.toString());
    //假设前端传来的是 JSON 字符串，为用户数组，注意 key 与 User 的数据属性一致
    String jsonStr2 = "[{'password':'123123','username':'zhangsan'},{'password':
        '3213', 'username':'lisi'}]";
    JSONArray list=JSON.parseArray(jsonStr2);
    System.out.println(list);
    List<User> users = JSON.parseArray(jsonStr2, User.class);
    System.out.println("JSON 字符串转换为 List<Object>对象:" + users.toString());
}
public static void objectToJson() {
    //单个 Java 类转换为 JSON 字符串，发送到前端
    User user = new User("张三", "123","138111111111");
    String UserJson = JSON.toJSONString(user);
    System.out.println("简单 Java 类转换为 JSON 字符串:" + UserJson);
    // List<Object>转换为 JSON 字符串，发送到前端
    User user1 = new User("李四", "123123", "138111");
    User user2 = new User("ggg", "321321","123");
    List<User> users = new ArrayList<User>();
    users.add(user1);users.add(user2);
    String ListUserJson = JSON.toJSONString(users);
    System.out.println("List<Object>转换为 JSON 字符串:" + ListUserJson);
    }
```

2. JSONObject

JSONObject 是 JSON 的子类，所以 JSON 的 API 都被 JSONObject 继承，同时，它封装

了 Map,其内部的数据结构类似于 Map<key,value>,key 一般是 String 类型,value 的数据类型包括 int、long、double、String、Object 等。JSONObject 对象除了 JSON 类的功能外,还提供了对自身数据(Map)的维护功能。

注意,JSONObject 与 JavaScript 中的 JSON 对象是有很大区别的。

构造方法如下:

```
JSONObject()
```

创建一个空的 JSONObject 对象,用户可增加内容。

例如:

```
JSONObject obj=new JSONObject();
obj.put("name", "张三");map.put("age", 24);
```

常用 API 是 getXxx(key)方法(Xxx 根据 value 值不同而不同)。例如:

```
String name=obj.getString("name");
int age=obj.getInt("age");
```

以上方法与 Map 中的方法一样。

与其他 Java 对象相互转换的方法,如 toJavaObject()以及 toJSON()方法,继承了 JSON 提供的方法。

3. JSONArray

JSONArray 实际上是 JSONObject 的数组形式。JSONArray 具有 JSONObject 和 ArrayList 的功能。

例如,已定义了 Book 类,数据成员包括书号(ISBN)、书名(bookName)、价格(price)、出版社(publisher)等,数据库中有 tb_book 表。已从数据库中获得图书的信息,要发送到前端显示。

在服务器端,模拟数据获取:

```
List<Book> bookList=new ArrayList<Book>();
bookList.add(new Book("b15001","计算机",30,"科学出版社"));
bookList.add(new Book("b15002","数据通信",40,"人民邮电出版社"));
bookList.add(new Book("b15003","数据库",50,"清华大学出版社");
```

然后,把数据转换成网络能传输的 JSON 字符串,可用以下方法:

```
String listBookJson = JSON.toJSONString(bookList);
```

可以输出 listBookJson,其结果如下:

```
[{"bookID":"b15001","bookName":"计算机","price":30,"publishing":"科学出版社"},
{"bookID":"b15002","bookName":"数据通信","price":40,"publishing":"人民邮电出版社"},
{"bookID":"b15003","bookName":"数据库","price":50,"publishing":"清华大学出版社"}]
```

当前端接收到 listBookJson 后,转换成 JavaScript 能处理的 JSON 数组,利用 Vue 技术进行动态渲染,生成动态表格。

4.4 异步通信基础知识

4.4.1 异步通信的基本概念

同步通信是指发送方发出数据后,等接收方发回响应,再发下一个数据包的通信方式。

异步通信是指发送方发出数据后,不等接收方发回响应,接着发送下一个数据包的通信方式。

Web同步通信模式是指浏览器向Web服务器发起请求后,Web服务器进入响应模式,在服务器处理请求/响应对期间,用户不能继续使用浏览器,只能等待。传统的JSP页面属于Web同步请求模式。Web异步请求模式是指在异步请求/响应的处理中,用户在当前异步请求被处理时还可以继续使用浏览器;一旦异步请求处理完成,异步响应客户机页面。典型情况下,在这个过程中,请求过程对用户没有影响,用户不需要等候响应。

Web同步通信模式的过程是:当用户向服务器发送请求时,由服务器实时动态生成HTML页面,发回用户的浏览器,因此,无论前端(客户端浏览器)请求的目标页面(包括JSP、Servlet)与当前在客户端显示的页面是否相同,都重新全部刷新页面。

Web异步请求模式的过程是:当用户通过Web异步请求技术向服务器发送请求时,服务器根据需求将数据(一般是JSON格式)发回客户端,客户端实时生成部分HTML页面并渲染显示。

这两种技术的核心差别在于页面渲染的时间与空间,前者的页面渲染在服务器端完成,而后者的页面渲染在客户端完成。其原理如图4-2所示。

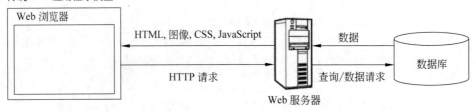

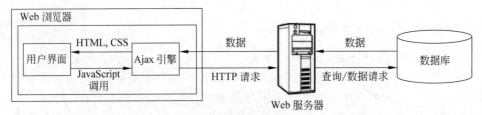

图 4-2 Web同步和异步通信模式的原理

4.4.2　Web 项目中的页面迁移

前面介绍了多种页面迁移方式,这些页面迁移方式都属于 Web 同步通信模式,现总结于表 4-1。

表 4-1　页面迁移方式

起 始 页 面	目 的 页 面		请求与跳转方式
HTML	HTML		超链接、表单提交、JavaScript 等技术
	Servlet		
	JSP		
Servlet	HTML		页面转发,用 Dispatch、response 等技术实现
	Servlet		
	JSP		
JSP	略		

而在 Web 异步通信模式中,尤其对于单页面项目,基本上没有页面迁移,所有业务过程都在一个页面中完成。用户在实际项目开发中,应根据需求做出合理的设计。

4.5　用 Axios 实现 Ajax 技术

4.5.1　Ajax 基础知识

Ajax 的全称是 Asynchronous JavaScript and XML,其中,Asynchronous 是异步的意思,它有别于传统 Web 开发中采用的同步方式。Ajax 并非一种新的技术,而是几种已有技术的结合体,由下列技术组合而成:

(1) 使用 CSS 和 XHTML 表示网页内容。

(2) 使用 DOM 模型实现交互和动态显示。

(3) 使用 XMLHttpRequest 和服务器进行异步通信。

(4) 使用 JavaScript 实现绑定和调用。

在上面几种技术中,除了 XMLHttpRequest 对象以外,其他技术都基于 Web 标准,并且已经得到了广泛使用,XMLHttpRequest 虽然目前还没有被 W3C 采纳,但是它已经是一个事实上的标准,目前几乎所有的主流浏览器都支持它。

XMLHttpRequest 对象提供了对 HTTP 的完全访问,包括 post、head 请求以及普通的

get 请求。该对象可以同步或异步返回 Web 服务器的响应,并且能以文本或者 DOM 文档形式返回内容。尽管它名为 XMLHttpRequest,但它并不限于和 XML 文档一起使用,它可以接收任何形式的文本文档。

实现 Ajax 技术的方法有很多,可以通过原生 JavaScript 方法,也可采用 jQuery 库提供的 $.ajax()方法。本章介绍的是 Axios 技术。

4.5.2 Axios 技术

Axios 是一个基于 Promise 的、用于浏览器和 NodeJS 的 HTTP 库,简单地说就是对原生 Ajax 技术的封装。它简化了 Ajax 的开发流程,提高了开发效率。由于它适用性强,支持 Promise,具有拦截请求和响应、转换请求数据和响应数据、自动转换 JSON 数据、取消请求等功能,因此得到越来越广泛的应用。为了说明问题,本节先从简单例子入手,主要完成登录页面的功能,login.html 具体代码如下:

```
<!DOCTYPE html>
<html>
<head>
<title>login.html</title>
<meta http-equiv="Content-Type" content="text/html; charset=utf-8" />
<script src="https://unpkg.com/axios/dist/axios.min.js"></script>
<script src="https://cdn.jsdelivr.net/npm/vue/dist/vue.js"></script>
</head>
<body>
  <div id="app">
  <form @submit.prevent="onSubmit" method="post">
      <P>用户名<input type="text" size="20" v-model="userName"></P>
      <P>密码<input type="password" size="20" v-model="passWord"></P>
      <P><input type="submit" value="提交"></P>
  </form>
  <span >{{promptMess}}</span>
  </div>
  <script type="text/javascript">
  var vm=new Vue({
      el: '#app',
      data: { promptMess:"",userName:"", passWord:""},
      methods:{
          onSubmit:function(){
              var self=this;                          //回调函数中无法获得 this
              axios({url:"LoginAjax",method:"post",
                  data:{name:this.userName,pass:this.passWord}})
                  .then(function(response){
                      if(response.data=="error")    //登录失败,返回空串
```

```
                    self.promptMess="用户名或密码错误";
                else{
                    self.promptMess="登录成功";
                    ...                            //其他代码
                }
            }).catch(function(error){   });
        }
    }
});
    </script>
  </body>
</html>
```

Servlet(Login)的核心代码如下：

```java
@WebServlet("/LogServlet")
public class LogServlet extends HttpServlet {
    protected void doGet(HttpServletRequest request, HttpServletResponse response)
            throws ServletException, IOException {
        response.setContentType("text/html; charset=utf-8");
        BufferedReader rd=request.getReader();
        String strJSON="",temp;
        while ( (temp=rd.readLine())!=null) {
            strJSON=strJSON+temp;
        }
        System.out.println(strJSON);
        JSONObject obj=JSON.parseObject(strJSON);
        String name=obj.getString("name");
        String pass=obj.getString("pass");
        PrintWriter out=response.getWriter();
        String returnString="error";
        if(name.equals("123") && pass.equals("123"))
            returnString="ok";
        out.write(returnString);
        ...                            //其他代码

    }
    ...                            //其他代码

}
```

代码说明：

（1）引用 axios()方法需要导入第三方包，即 axios.min.js。有两种方法：其一是下载到本地后直接引用；其二是直接引用。

```html
<script src="https://unpkg.com/axios/dist/axios.min.js"></script>
```

（2）axios()方法的标准结构说明如下：

```
axios({JSON对象}).then(function(response){回调函数}).catch(function(error){异常});
{JSON对象}={url:"LoginAjax",method:"post",
           data:{name:this.userName,pass:this.passWord}}
```

注意,在该 JSON 对象中,只有 url 是必需的,data 的值一般也是 JSON 对象。

成功时调用.then()方法,并执行回调函数。response 包含后端 Servlet 写回的各种信息,包括 JSON 字符串。用户程序一般通过它来接收后端的数据,并在回调函数中利用 Vue 技术完成页面渲染。

response 数据区的数据本身就是一个 JSON,主要内容说明如下：

- response.data 一般是 JSON 对象或字符串,是服务器写回的数据。
- "response.status:200"是服务器返回的 HTTP 状态值。
- "response.statusText：'ok'"是服务器返回的 HTTP 状态文本。
- response.headers 是 JSON 格式的数据,是在服务器返回数据中携带的标题信息。

注意,在回调函数中有

```
self=this;                                    //回调函数中无法获得 this
```

访问不到后台或者系统异常等情况发生时,调用.catch(function(error){})方法。

（3）在后端 Servlet 接收请求时,需要注意以下代码：

```
BufferedReader rd=request.getReader();
String strJSON="",temp;
while ( (temp=rd.readLine())!=null) {
    strJSON=strJSON+temp;
}
System.out.println(strJSON);
```

后端并不能用以前常用的 request.getParameter(name)方法获取 data 中的数据,这是因为通过 axios()方法向后台传输的只是 HTTP 请求/响应报文(其实是字符串),而并不是键/值对(这实际上由 Servlet 技术封装过了)。用户程序需要通过 request 对象获得一个字符流,并以行字符读取方式获取前端传输的 JSON 字符串,再利用后台的 JSON 处理包把 JSON 字符串转换成 JSONObject 或直接转换成 Java 对象,从而获取 name 和 pass 的值。以后用到 SpringMVC 及 Spring Boot 技术时,这种转换就不需要了,由框架提供的 HttpMessage Converter 自动转换成 JSON 对象或 Java 对象。

4.5.3　进一步了解 Axios 技术

1. axios()方法中的参数说明

axios()方法中有以下参数：

url（必须）：值是后台的 Servlet，为必选项。其余参数都是可选项。

method：值是 post 或 get，默认为 get。

data：值是向后台发送的 JSON 字符串。适合 put、post 和 patch 3 种请求方式，有细微差别。

params：一般用于 get 请求，请求的参数自动拼接到 url 中。

transformRequest：允许在向服务器发送前修改请求数据格式，只能用在 PUT、POST 和 PATCH 请求方法中。其值是数据，其内部是函数，用于修改请求数据。格式如下：

```
transformRequest: [function (data) {
    //对 data 进行转换处理
    return data;
}]
```

transformResponse：在传递给 then/catch 前允许修改响应数据。格式如下：

```
transformResponse: [function (data) {
    //对 data 进行转换处理
    return data;
}]
```

headers：请求的头部信息。

timeout：指定请求超时的毫秒数。

其他参数可以查询官网技术文档。

2. axios()方法的简化方式

所谓简化方式，就是一种别名方式。为方便使用，axios()方法为其支持的所有请求方法都提供了别名，可以直接使用别名发起请求，格式如下：

```
axios.get(url,[其他可选项])
```

对于 get 请求，甚至可以简化为

```
axios(url, [其他可选项])
```

例如：

```
axios.get('/user? ID=12345')          //get 也可以省略。带一个数据，直接放在 url 中
.then(function(response) {
  console.log(response);
}).catch(function(error) {
  console.log(error);
});
```

带多个数据如下：

```
axios.get('/user',{params:{name:"123",pass:"123"}}).then(…);
```

注意，使用别名访问时，axios(参数)中的参数是对象列表。另外，若用 get 请求访问，传

送数据时必须用 params 属性;而用 post 请求访问时,则用 data 属性,格式如下:

```
axios.post(url,[其他可选项])
```

例如:

```
axios.post('/user', {
    firstName: 'Fred',
    lastName: 'Flintstone'
}).then(function(response) {…};
```

也可以用以下形式:

```
axios.post('/user', {data:{ firstName: 'Fred', lastName: 'Flintstone'}}).then(…);
```

注意,当使用别名时,url、method、data 等属性都不必在配置中指定。

4.6 HTML＋Ajax 与 JSP 技术的比较

对于 MVC 开发模式,视图层的作用主要由 JSP 页面承担。在传统的 JSP 页面开发中,从代码角度分析,尽管 JSP 页面侧重于界面,而且它越来越接近 HTML,但它还是少不了必要的 Java 代码,这个现实会带来一些问题,主要如下:

- 对前端 UI 工程师提出更高要求(设计人员需要掌握 Java)。
- 前端和后端开发分离不彻底,视图层采用 JSP 页面,意味着服务器必须采用基于 Java 的技术。
- 由于前端和后端耦合较强,并行开发、模块化开发有难度,影响开发效率。

基于上述原因,目前,在 Web 项目开发中,前端开发技术倾向于采用纯 HTML,利用 Ajax 技术与后台能进行通信,并统一前后端通信的数据格式(JSON)。

当然,并不是说 JSP 技术一无是处,而 Ajax 技术是万能的。在工程领域,技术没有先进与落后之分,只有合适与不合适之分。从上面分析的两种技术的特点可知,Ajax 技术适合页面的部分刷新,而 JSP 技术适合主页面的生成(主页面动态部分较多)。

4.7 案例——基于 Ajax 的主页面代码重构

4.7.1 需求分析

在本节中,对第 3 章的案例进行代码重构。将主页面简化为 bookmain.html,它具有登录、注册、个人中心、安全退出等功能。基本功能要求如下:

- 不设计独立的 login.html,利用 CSS 技术把登录页面合并到主页面中。
- 非登录用户只能浏览主页面。
- 登录用户可以查看个人中心。
- 安全控制:非登录用户不能通过 URL 等手段进入个人中心。
- 退出系统功能:选择该功能后,系统清除用户访问记录,避免非法用户利用 URL 等手段进入系统。

登录前的主页面如图 4-3 所示。

图 4-3　登录前的主页面

登录后的主页面如图 4-4 所示。

图 4-4　登录后的主页面

登录页面如图 4-5 所示。

图 4-5　登录页面

4.7.2　技术设计

1. 页面迁移

以登录过程为例,其页面迁移如图 4-6 所示。

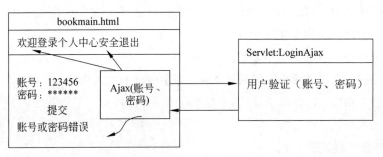

图 4-6　登录页面迁移

2. 技术说明

项目结构如图 4-7 所示。采用的 session 技术与第 3 章相同。由于前端采用 HTML＋Vue＋axios 技术,后端需加入 JSON 技术。当登录用户进入个人中心,即可通过 axios 从后台获取用户信息,而获取用户信息的关键是首先从 session 对象中取出账号。而非登录用户通过非法手段访问个人中心页面时,该页面会通过 axios 向后台 Servlet 查询 session 对象中的登录信息,由于是非登录用户,Servlet 返回错误信息,个人中心页面就直接跳转到主页面或者完成其他动作。当用户选择"安全退出"时,则通过 axios 技术在后台让 session 无效。在主页面设计中,为了提升用户体验,使用了大量 Vue 技术。例如,在登录操作中,在主页面中打开"登录"DIV 块,利用 Vue 技术控制 CSS 实现。

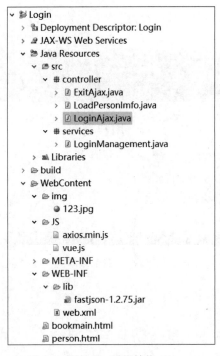

图 4-7　项目结构

4.7.3 核心代码

视图层的主页面文件 bookmain.html 代码如下：

```html
<!DOCTYPE html>
<html><head><meta charset="UTF-8"><title>网上书店</title>
<style>
  .add {border: 1px solid #eee;margin: 10px 0;padding: 15px;}
  .window{background-image:url(img/123.jpg);-moz-opacity: 0.8; opacity:.80;
      width:100%;height: 100%;position: fixed;z-index: 4;top: 0;left: 0;}
  .loginbox {width: 400px; height: 350px; background: rgba(255, 255, 255, 1);
      position: absolute; left: 0; top: 0; right: 0; bottom:0; margin: auto;
      z-index: 47; border-radius: 10px;}
 .context {padding: 10px 10px;}
 .context input {width: 200px; margin-bottom: 15px;}
 </style>
 <script src="JS/vue.js"></script>
 <script src="JS/axios.min.js"></script>
</head>
<body>
<div id="app">
<div style="width: 1000px; margin: auto;" align="left">
    <h2 align="center">网上书店</h2>
    <a href="javascript:void(0)" @click="login()" >登录</a>
    <a href="javascript:void(0)" >注册</a>
    <a v-show="personCenter" onclick="window.open('person.html')"
    href="javascript:void(0)">个人中心</a>
    <a href="javascript:void(0)" @click="exit">安全退出</a>
    <span>{{welcomMess}}</span>
 </div>
    <div style="width: 1000px; height: 1000px; margin: auto; background:
    #d4dedf;" align="center">
    <span ><FONT SIZE=8>欢迎进入网上书店</FONT></span>
 </div>
  <div v-show="window" class="window">
   <div class="loginbox" v-if="show_loginbox">
      <h1 align="center">用户登录</h1>
      <div class="context"></div>
      <FORM @submit.prevent="onSubmit" method="post">
      <BR>输入账号:<BR><Input type="text" v-model="userName">
      <BR>输入密码:<BR><Input type="password" v-model="passWord">
      <BR><Input type="submit" value="提交" ><BR>
      <span>{{promptMess}}</span>
```

```
    </FORM>
    <p align="right"><a href="javascript:void(0)"
    @click="returnMain">返回主页面</a></p>
    </div>
  </div>
 </div>
</div>
<script type="text/javascript">
var vm=new Vue({
    el: '#app',
    data: {welcomMess: "", promptMess: "", userName: "", passWord: "",
        personCenter: false, show_loginbox: false, window: false},
    methods:{
        login:function(){
            this.show_loginbox=true; this.window=true;
        },
        returnMain:function(){
            this.show_loginbox=false; this.window=false;
        },
        onSubmit:function(){
            var self=this;                      //回调函数中无法获得 this
            axios({url: "LoginAjax", method: "post",
                data:{name: this.userName, pass: this.passWord}})
                .then(function(response){
                    if(response.data=="error")    //登录失败,返回空串
                        self.promptMess="密码或用户名错误";
                    else{
                        alert(response.data);
                        self.show_loginbox=false; self.window=false;
                        self.personCenter=true;
                        self.welcomMess="欢迎你"+response.data;
                        self.promptMess="";          //清空提示信息
                        self.userName="";
                        self.passWord="";
                    }
                }).catch(function(error){});
        },
        exit:function(){
            this.welcomMess="";
            this.personCenter=false;
            axios.post("ExitAjax");              //利用 Ajax 删除 session 或使之无效
        }
    }
});
```

```
</script>
</body>
</html>
```

个人中心页面文件 person.html 代码如下：

```
<!DOCTYPE html>
<html><head>
<meta charset="UTF-8">
<title>Insert title here</title>
<script src="JS/vue.js"></script>
<script src="JS/axios.min.js"></script>
</head><body>
<h1>个人中心</h1>
<div id="app">
    <div v-if="login"><span>请登录</span></div>
    <div v-if="person"><span>用户名:{{userName}}</span></div>
</div>
<script type="text/javascript">
    var vm=new Vue({
    el: '#app',
    data: {userName: "", login: true, person: false},
    created:function(){
        self=this;
        axios("LoadPersonInfo")
        .then(function(response){
            if(response.data!="error"){
                self.person=true; self.login=false;
                self.userName=response.data;
            }else{self.person=false; self.login=true;}
        }).catch(function(error){})
        }
    });
</script>
</body>
</html>
```

控制层 Servlet LoginAjax 核心代码如下：

```
@WebServlet("/LoginAjax")
public class LoginAjax extends HttpServlet {
    ...
    public void doGet(HttpServletRequest request, HttpServletResponse response)
            throws ServletException, IOException {
    response.setContentType("text/html; charset=utf-8");
    BufferedReader rd = request.getReader();
```

```java
    String strJSON="",temp;
    while ( (temp=rd.readLine())!=null) {
        strJSON=strJSON+temp;
    }
    System.out.println(strJSON);
    JSONObject user=JSON.parseObject(strJSON);
    String name=(String)user.get("name");
    String pass=(String)user.get("pass");
    PrintWriter out = response.getWriter();
    HttpSession session=request.getSession();
    if(LoginManagement.login(name, pass)){          //登录成功
        session.setAttribute("name", name);
        out.write(name);                            //写回登录名
    }
        else out.write("error");
    }
}
```

Servlet LoadPersonInfo 核心代码如下：

```java
public class LoadPersonInfo extends HttpServlet {
    public void doGet(HttpServletRequest request, HttpServletResponse response)
            throws ServletException, IOException {
    ...                                             //其他代码
    response.setContentType("text/html");
    PrintWriter out=response.getWriter();
    HttpSession session=request.getSession();
    String account=(String)session.getAttribute("name");
    if(account==null)
        out.write("error");
    else out.write(account);
    }
    ...                                             //其他代码
}
```

Servlet ExitAjax 核心代码如下：

```java
public class ExitAjax extends HttpServlet {
    public void doGet(HttpServletRequest request, HttpServletResponse response)
            throws ServletException, IOException {
    HttpSession session=request.getSession();
    if(session!=null)
        session.invalidate();
    }
    ...                                             //其他代码

    }
```

业务类 LoginManagement 核心代码如下：

```
public class LoginManagement {
public static boolean login(String name, String pass) {
    /**不考虑访问数据库 */
    boolean sucess=false;
    if(name.equals("123456") && pass.equals("123"))
        sucess=true;
    }
}
```

4.8 本章小结

随着 Web 项目越来越重视用户体验，单页面系统得到广泛应用，而且越来越重视协同开发和并行开发，因此，通过 Ajax 实现异步通信成为常态。另外，利用 Ajax 技术，前端页面可以用 HTML 页面替换 JSP 页面，使得系统开发的技术方案多了一种选择。

第 5 章　Servlet 技术深入剖析

Servlet 是一个技术体系和规范,它提供了一组类、接口和协议,用于满足 Web 服务器所需功能。了解这些类和接口,有助于对 Servlet 技术的全面认识。在本章中,重点介绍过滤器及监听器技术,并通过实例让读者对这些常用类和接口的实际应用有全面了解。

5.1　Servlet 技术体系

前面介绍了 Servlet 技术的基础知识。为了全面了解 Servlet 技术体系,本节介绍 Servlet 的常用类和接口的用法。Servlet 的常用类和接口如图 5-1 所示。

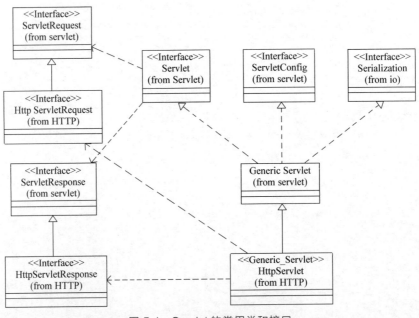

图 5-1　Servlet 的常用类和接口

5.1.1　常用类和接口

1. 与 Servlet 实现相关的类和接口

public interface Servlet 是所有 Servlet 必须直接或间接实现的接口。它定义了以下方法：

- init(ServletConfig config)方法：用于初始化 Servlet。
- destory()方法：用于销毁 Servlet。
- getServletInfo()方法：用于获得 Servlet 的信息。
- getServletConfig()方法：用于获得 Servlet 的配置信息。
- service(ServletRequest req，ServletResponse res)方法：是应用程序运行的逻辑入口点。

public abstract class GenericServlet 类提供了 Servlet 接口的基本实现。它是一个抽象类。GenericServlet 类的 service()方法是一个抽象的方法，GenericServlet 类的派生类必须直接或间接实现这个方法。

public abstract class HttpServlet 类是针对使用 HTTP 的 Web 服务器的 Servlet 类。

HttpServlet 类实现了抽象类 GenericServlet 的 service()方法，该方法的功能是根据请求类型调用合适的 do 方法。do 方法是由用户定义的 Servlet 根据特定的请求/响应情况具体实现的。也就是说，必须实现以下方法之一：

- doGet()。如果 Servlet 支持 HTTP GET 请求，则要实现该方法。
- doPost()。如果 Servlet 支持 HTTP POST 请求，则要实现该方法。
- 其他 do 方法。用于 HTTP 其他方式的请求。

2. 与请求、响应会话跟踪和 Servlet 上下文相关的接口

public interface HttpServletRequest 接口中最常用的方法就是获得请求中的参数。实际上，内置对象 request 就是实现该接口的类的一个实例，关于该接口的方法和功能在前面已讲述了，这里不再重复。

public interface HttpServletResponse 接口代表了对客户端的 HTTP 响应。实际上，内置对象 response 就是实现该接口的类的一个实例，关于该接口的方法和功能在前面已讲述了，这里不再重复。

会话跟踪接口(HttpSession)、Servlet 上下文接口(ServletContext)与 HttpServletRequest 接口类似，不再重复介绍。但有一点需要注意，JSP 与 Servlet 的内置对象相似，但二者获取内置对象的方法略有不同 JSP 与 Servlet 的比较如表 5-1 所示。

表 5-1　JSP 与 Servlet 的比较

技术	请求对象	响应对象	会话跟踪	上下文内容对象
JSP	request 由容器产生,直接使用	response 由容器产生,直接使用	session 由容器产生,直接使用	application 由容器产生,直接使用
Servlet	request 由容器产生,直接使用	response 由容器产生,直接使用	HttpSession session = request.getSession()	用 getServletContext() 方法获取

3. RequestDispatcher 接口

RequestDispatcher 接口代表 Servlet 协作,在前面已用到。它可以把一个请求转发到另一个 Servlet 或 JSP 页面。该接口主要有两个方法:

- forward(ServletRequest,ServletResponse response)方法。用于把请求转发到服务器上的另一个资源。
- include(ServletRequest,ServletResponse response)方法。用于把服务器上的另一个资源包含到响应中。

RequestDispatcher 接口的 forward()方法处理请求转发,在 Servlet 中是一个很有用的功能。由于这种请求转发属于 request 对象的范围,所以,应用程序往往用这种方法从 Servlet 向 JSP 页面或另一 Servlet 传输程序数据。其核心代码格式如下:

```
request.setAttribute("key", 任意对象数据);
RequestDispatcher dispatcher=null;
dispatcher= getServletContext ().getRequestDispatcher ("目的 JSP 页面或另一个
Servlet");
dispatcher.forward(request, response);
```

在以上代码中,RequestDispatcher 的实例化由上下文的.getRequestDispatcher()方法实现,在目的 JSP 页面或另一个 Servlet 中,用户程序可以用 request.setAttribute("key")方法获取传递的数据。另外,需要注意的是,利用 RequestDispatcher 接口的 forward()方法处理请求转发,其作用类似于 JSP 中的<jsp:forward>动作标签,属于服务器内部跳转。实际上,JSP 中的<jsp:forward>动作标签的底层实现就利用了 RequestDispatcher 技术。

4. Filter、FilterChain、FilterConfig 等过滤器接口

Filter、FilterChain、FilterConfig 等过滤器接口在 Web 应用中是比较有用的技术。例如,通过过滤器接口,可以完成统一编码(中文处理技术)、安全认证等工作。

5.1.2　全面了解 Servlet 配置

配置 Servlet 的目的除了前面所述的以外,还可以通过<init-param>、<load-on-startup>等元素的设置使容器(Tomcat)能够根据配置规则管理 Servlet,从而实现一些特定的目标。Servlet 配置工作可在 web.xml 中完成。

1. ＜**servlet**＞元素及其子元素

在 web.xml 文件中,要注意各元素的顺序。＜servlet＞元素放在＜servlet-mapping＞元素之前,否则会导致 web.xml 移植困难。

以下为＜servlet＞元素及其子元素:

```
<servlet>
    <description>描述内容</description>
    <display-name>显示名</display-name>
    <servlet-name>Servlet 名</servlet-name>
    <servlet-class>Servlet 类名</servlet-class>
    <jsp-file>JSP 文件名</jsp-file>
    <init-param>
        <param-name>参数名</param-name>
        <param-value>参数值</param-value>
    </init-param>
    <load-on-startup>一个整型值</load-on-startup>
    <security-role-ref>
        <role-name>角色名</role-name>
        <role-link>角色的一个引用</role-link>
    </security-role-ref>
</servlet>
```

以上元素中,＜description＞、＜display-name＞和＜security-role-ref＞元素可以有 0 个或多个,＜init-param＞和＜load-on-startup＞元素可以有 0 个或 1 个。

各元素的作用及含义说明如下:

＜description＞元素为 Servlet 指定一个文本描述,无多大实际意义和作用。

＜display-name＞元素为 Servlet 指定一个简短的名字,这个名字可以被某些工具显示,无多大实际意义和作用。

＜servlet-name＞元素指定 Servlet 名,其作用相当于 Servlet 类的实例名,在程序中必须是唯一的。

＜servlet-class＞元素指定 Servlet 类名,且是完整限定名称,即包括包名(路径)。

＜jsp-file＞元素指定一个 JSP 文件名,且是完整限定名称(包括相对或绝对路径)。

＜init-param＞元素用来定义初始化参数,可以有多个＜init-param＞元素。在 Servlet 的类中通过 getInitParamenter(String name)方法访问初始化参数,这类似于 JSP 中的动作元素标签＜jsp:param＞。

＜load-on-startup＞元素指定当 Web 应用启动时装载 Servlet 的次序。当值为正数或零时,Servlet 容器先加载数值小的 Servlet,再依次加载其他数值大的 Servlet;当值为负或未定义时,Servlet 容器将延迟装载时间,也就是在 Web 客户端首次访问某个 Servlet 时才加载它。

＜security-role-ref＞元素用于声明在组件或部署组件的代码中安全角色的引用。

2.＜servlet-mapping＞元素及其子元素

＜servlet-mapping＞元素相对简单,只有两个子元素,如下所示:

```
<servlet-mapping>
    <servlet-name>Servlet 名</servlet-name>
    <url-pattern>URL 路径</url-pattern>
</servlet-mapping>
```

其中,＜servlet-name＞元素与前述一致。＜url-pattern＞元素在前面也已使用过,但该元素还有其他的作用。它主要通过通配符配置 URL 映射,对多个匹配的 URL 进行响应,而 JSP 页面只能通过一个具体的 URL 调用。这个特性可以使用户程序在请求进入某个具体的页面前被截获和处理。许多 Web 应用框架(如 Struts、Spring)都利用了 Servlet 的这个特性,并在此基础上创建构架。

3. 利用注解替换配置文件

其实,以上在 web.xml 中的所有配置内容都可以利用@WebServlet 注解的相关属性实现相同的功能。

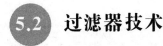

5.2　过滤器技术

5.2.1　基本概念

Servlet 过滤器在 Java Servlet 2.3 规范中定义。

过滤器是小型的 Web 组件,若服务器(如 Tomcat)中部署了过滤器,则对于从客户端发送过来的请求,服务器首先让过滤器执行,这可能是安全、权限检查,也可能是字符集统一过滤处理;然后,或者让客户请求的目的页面或 Servlet 处理,或者直接进行页面转发(假如安全检查没有通过)。如果系统中设置了多个过滤器(一般情况下,一个过滤器完成一项特定任务),则一组过滤器会形成一个过滤链,客户请求会在过滤链中逐步过滤执行。

Java 中的过滤器并不是一个标准的 Servlet,它不能处理用户请求,也不能对客户端生成响应。它主要用于对 HttpServletRequest 进行预处理,也可以对 HttpServletResponse 进行后处理,是一个典型的处理链。

过滤器有如下几个用处:

- 在 HttpServletRequest 到达 Servlet 之前对其进行拦截。
- 根据需要检查 HttpServletRequest,可修改 HttpServletRequest 头和数据。
- 在 HttpServletResponse 到达客户端之前对其进行拦截。
- 根据需要检查 HttpServletResponse,可修改 HttpServletResponse 头和数据。

过滤器有如下几类：

- 用户授权的过滤器。负责检查用户请求，根据请求过滤用户的非法请求。
- 日志过滤器。详细记录某些特殊的用户请求。
- 负责解码的过滤器。包括对非标准编码的请求解码。

5.2.2　过滤器的主要方法、生命周期与部署

所有实现了 javax.servlet.Filter 接口的类都被称为过滤器类。这个接口含有 3 个过滤器类必须实现的方法：

（1）init(FileterConfig fileterconfig)：由 Servlet 容器调用，是 Servlet 过滤器的初始化方法，Servlet 容器创建 Servlet 过滤器实例后将立即调用这个方法，且该方法只被调用一次。在这个方法中可以读取 web.xml 文件中的 Servelt 过滤器的初始化参数。

（2）doFilter(ServletRequest request，ServletResponse response，FilterChain chain)：这个方法完成实际的过滤操作。当客户请求访问与过滤器相关联的 URL 时，Servlet 容器将首先调用过滤器的 doFilter() 方法。FilterChain 参数用于访问后续过滤器，该参数中的 doFilter(Servletrequest request，Servletresponse response) 方法真正决定了是否要继续访问后续的过滤器。

（3）destroy()：Servlet 容器在销毁过滤器实例前调用这个方法，在这个方法中可以释放 Servlet 过滤器占用的资源。

过滤器的生命周期如下：

（1）启动服务器时加载过滤器的实例，并调用 init() 方法初始化实例。

（2）每一次请求时都只调用 doFilter() 方法进行处理。

（3）停止服务器时调用 destroy() 方法销毁实例。

过滤器编写完成之后，需要配置与部署。这个工作有两种方法。

1. 通过 web.xml 进行配置与部署

通过 web.xml 进行配置与部署是一种传统的做法，主要涉及两个元素：＜filter＞和 ＜filter-mapping＞。

＜filter＞元素格式如下：

```
<filter>
    <filter-name>过滤器名称</filter-name>
    <filter-class>过滤器对应的类</filter-class>
    <!--初始化参数-->
    <init-param>
        <param-name>参数名称 1</param-name>
        <param-value>参数值 1</param-value>
    </init-param>
```

```
<init-param>
    <param-name>参数名称 2</param-name>
    <param-value>参数值 2</param-value>
</init-param>
...
</filter>
```

<filter-mapping>元素的作用就是确定过滤器与特定 URL 的关联。只有指定 Servlet 过滤器和特定的 URL 关联,当客户请求访问此 URL 时,才会触发过滤器工作。过滤器的关联方式有 3 种:与一个 URL 关联,与一个 URL 目录下的所有资源关联,与一个 Servlet 关联。<filter-mapping>元素格式如下:

(1) 与一个 URL 关联时:

```
<filter-mapping>
    <filter-name>过滤器名称</filter-name>
    <url-pattern>xxx.jsp(或者 xxx.html)</url-pattern>
</filter-mapping>
```

(2) 与一个 URL 目录下的所有资源关联时:

```
<filter-mapping>
    <filter-name>过滤器名称</filter-name>
<url-pattern>/ * </url-pattern>
</filter-mapping>
```

(3) 与一个 Servlet 关联时:

```
<filter-mapping>
    <filter-name>过滤器名称</filter-name>
    <url-pattern>Servlet 名称</url-pattern>
</filter-mapping>
```

2. 通过注解进行配置与部署

从 Servlet 3.0 标准开始,过滤器也提供了注解方法,与 Servlet 的注解类似。例如:

```
@WebFilter(filterName="SecurityCheck",value="/securitycheck/ * ")
public class SecurityCheck implements Filter {…}
```

在实际开发中,常用到的过滤器有身份验证过滤器(authentication filter)、字符集转换过滤器(encoding filter)、加密过滤器(encryption filter)和图像转换过滤器(image conversion filter)等。

5.2.3　过滤链

doFilter()方法的参数 chain 是接口 FilterChain 的实例,由服务器生成。若项目中有多个过滤器,EncodingFilter 负责设置编码,SecurityFilter 负责控制权限,服务器会按照项目中过滤器定义的先后顺序将过滤器组装成一条链,然后依次执行其中的 doFilter()方法。假设过滤器的定义顺序是 EncodingFilter 在前、SecurityFilter 在后,则其执行的顺序如下:

(1) 执行第一个过滤器的 doFilter()方法中的 chain.doFilter()之前的代码,例如进行统一编码:

```
request.setCharacterEncoding(newCharSet);
```

(2) 执行第二个过滤器的 doFilter()方法中的 chain.doFilter()之前的代码。

(3) 执行请求的资源(如 Servlet、JSP 等)。

(4) 执行第二个过滤器的 chain.doFilter()之后的代码。

(5) 执行第一个过滤器的 chain.doFilter()之后的代码,最后将响应返回客户端。

以上执行顺序可用图 5-2 表示。

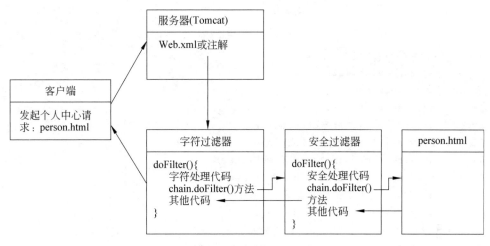

图 5-2　过滤器执行顺序

5.2.4　安全过滤器的开发

为了防止用户绕过登录(直接输入具体页面的 URL)或者登录失效时对页面进行非法操作,应对系统的所有请求进行安全过滤操作。前面章节的基本思路是对每个页面分别进行安全检查,这样显然有代码冗余。现在采用集中过滤检查方法,基本思路是把需要过滤的服务器资源集中放在一个目录中,如把个人中心、支付中心等页面放在 securitycheck/目录中,项目结构如图 5-3 所示。

当用户访问该目录下的资源时,则受到安全检查。过滤器核心代码如下:

```
package filter;
import javax.servlet.Filter;
```

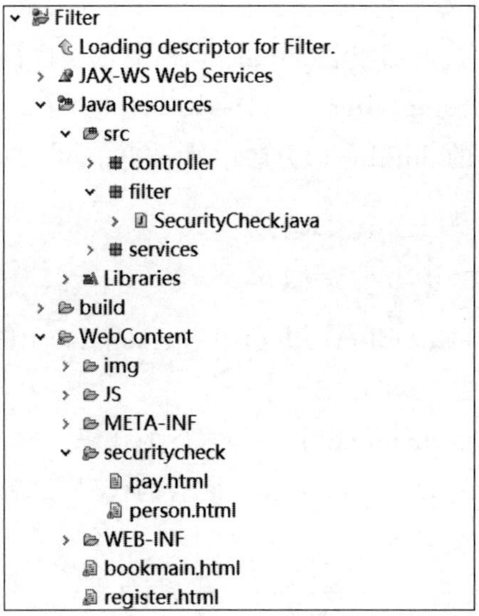

图 5-3　项目结构

```java
import javax.servlet.FilterChain;
import javax.servlet.FilterConfig;
import javax.servlet.ServletException;
import javax.servlet.ServletRequest;
import javax.servlet.ServletResponse;
import javax.servlet.annotation.WebFilter;
import javax.servlet.http.HttpServletRequest;
import javax.servlet.http.HttpServletResponse;
import javax.servlet.http.HttpSession;
@WebFilter(filterName="SecurityCheck",value="/securitycheck/*")
public class SecurityCheck implements Filter {
    ...
    public void doFilter(ServletRequest req, ServletResponse res, FilterChain
            chain) throws IOException, ServletException {
        HttpServletRequest request=(HttpServletRequest)req;
        HttpServletResponse response=(HttpServletResponse)res;
        HttpSession session=request.getSession();
        String username=(String)session.getAttribute("name");
        //条件成立时,不需要过滤,进入下一个过滤器或转到 Servlet
        if(username!=null) {
            //System.out.println("filter suc");
            chain.doFilter(req,res);
        }
        else response.sendRedirect("/Filter/bookmain.html");
            ...
    }
}
```

代码说明：

HttpServletRequest 和 ServletRequest 都是接口，前者继承自后者，HttpServletRequest 比 ServletRequest 多了一些针对 HTTP 的方法，如 getHeader（String name）、getMethod（）、getSession（）、getRequestURI（）等。如果业务需要用到 HttpServletRequest 的方法，则必须进行类型转换，代码如下：

```
HttpServletRequest request=(HttpServletRequest)req;
```

req 是 ServletRequest 类型的对象，这类似于以下情形：

```
session.setAttribute("name", "张三");
String name=(String)session.getAttibute("name");
```

过滤器配置采用注解方式：

```
@WebFilter(filterName="SecurityCheck",value="/securitycheck/*")
```

注解中的 filterName＝"SecurityCheck"相当于配置文件中的＜filter＞元素：

```
<filter>
    <filter-name>SecurityCheck</filter-name>
    <filter-class>filter.SecurityCheck</filter-class>
</filter>
```

注解中的 value＝"/securitycheck/*"相当于配置文件中的＜filter-mapping＞元素：

```
<filter-mapping>
    <filter-name>SecurityCheck</filter-name>
    <url-pattern>/securitycheck/*</url-pattern>
</filter-mapping>
```

5.3 监听器技术

5.3.1 基础知识

监听器（listener）用于监听 Java Web 程序中的各类事件，它是 Servlet 规范中的特殊类，也需要在 web.xml 文件中注册和配置才可以使用（除了两个例外）。它监听 ServletContext、HttpSession 和 ServletRequest 等对象的创建与销毁事件以及这些对象中属性发生改变的事件。当这些事件发生的时候，对应的监听器会立刻做出反应。目前一共有 8 个监听器接口和 6 个事件类别，如表 5-2 所示。

表 5-2　监听器接口和事件

监听对象	监听器接口	监听器事件
ServletContext	ServletContextListener ServletContextAttributeListener	ServletContextEvent ServletContextAttributeEvent
HttpSession	HttpSessionListener HttpSessionActivationListener	HttpSessionEvent
	HttpSessionAttributeListener HttpSessionBindingListener	HttpSessionBindingEvent
ServletRequest	ServletRequestListener ServletRequestAttributeListener	ServletRequestEvent ServletRequestAttributeEvent

1. 监听对象的创建和销毁事件的监听器

当有被监听对象被 Servlet 容器创建,或者在生命周期结束被销毁的时候,分别由下列 3 种监听器负责监听。

(1) ServletContextListener 监听器。ServletContext 对象在 Web 服务器被启动的时候被创建,当 ServletContext 对象被创建时激发 contextInitialized()方法;ServletContext 对象在 Web 服务器关闭时被销毁,当 ServletContext 对象被销毁时激发 contextDestroyed()方法。

(2) HttpSessionListener 监听器。session 对象在浏览器和服务器的会话开始时被创建,当 session 对象被创建时激发 sessionCreated()方法;session 对象失效时或调用 session.invalidate()时被销毁,当 session 对象被销毁时激发 sessionDestroyed()方法。

(3) ServletRequestListener 监听器。request 对象在每次请求开始时创建,当 request 对象被创建时激发 requestInitialized()方法;request 对象在每次访问结束后被销毁,当 request 对象被销毁时激发 requestDestroyed()方法。

2. 监听对象属性改变事件的监听器

当添加、修改或者删除被监听对象的属性时,分别由下列 3 种监听器负责监听。

(1) ServletContextAttributeListener 监听器。当 servletContext 对象的属性有上述改变时,会分别激发 attributeAdded()、attributeReplaced()、attributeRemoved()这 3 个方法。

(2) HttpsessionAttributeListener 监听器。当 session 对象的属性有上述改变时,会分别激发和上述方法名一样的方法。

(3) ServletRequestAttributeListener 监听器。当 request 对象的属性有上述改变时,会分别激发和上述方法名一样的方法。

虽然在对象属性发生改变时,上述 3 种监听器对应的实现类的方法名是一样的,但是其中监听的事件名是完全不一样的。

3. 监听对象状态的监听器

HttpSessionActivationListener 和 HttpSessionAttributeListener 是两种特殊的监听

器,它们直接被普通 Java 类实现(一般来说是标准的 JavaBean 类),这两个监听器是用来监听对象本身的,并且这两个监听器不需要在 web.xml 文件中配置就可以使用。

HttpSessionBindingListener 监听器用 HttpSession.setAttribute 实现,设置 session 对象时,会激活 valueBound()方法;当实现该监听器的类的对象用 HttpSession.removeAttribute 从 session 对象中解除时,会激活 valueUnBound()方法。

HttpSessionActivationListener 监听器的作用是:当服务器关闭时,只要会话还没有结束,session 对象会被存储到硬盘或者别的设备上。此时 session 对象如果实现了该接口,那么就会激活 sessionDidActivate()方法;同理,当 session 对象被从磁盘中读取时,会激活 sessionWillPassivate()方法。

在早期的开发中,这两种监听器起到的作用并不大,开发者不必过多在意 session 对象的状态或者它什么时候被加载与保存。但是在现在各种软件的开发都面临高并发量的情况,这时候常见的做法就是做负载均衡或者采用分布式架构来开发。这时候,session 对象会在许多 Web 容器或者多台服务器之间转发,session 对象的状态就值得去了解和跟踪了。

5.3.2 案例——统计在线总人数

利用 HttpSessionListener 类中的 sessionCreated()方法和 sessionDestroyed()方法可以监听 session 对象的创建与销毁。当一个用户开始浏览网站时,服务器端会自动创建一个 session 对象,此时可以在 sessionCreated()方法中将在线人数加 1;当 session 对象失效时,就会激活 sessionDestroyed()方法,使在线人数减 1。

示例代码如下:

```
package com.listener;
import javax.servlet.ServletContext;
import javax.servlet.ServletContextEvent;
import javax.servlet.ServletContextListener;
import javax.servlet.http.HttpSessionEvent;
import javax.servlet.http.HttpSessionListener;
public class UserNumberListener implements HttpSessionListener,
ServletContextListener{
    public void sessionCreated(HttpSessionEvent se) {
        ServletContext context = se.getSession().getServletContext();
        int userNumber = (int) context.getAttribute("userNumber");
        userNumber++;
        context.setAttribute("userNumber", userNumber);
    }
    public void sessionDestroyed(HttpSessionEvent se) {
        ServletContext context = se.getSession().getServletContext();
        int userNumber = (int) context.getAttribute("userNumber");
        if(userNumber!=0)
```

```
            userNumber--;
        else
            userNumber = 0;
        context.setAttribute("userNumber", userNumber);
    }
    public void contextDestroyed(ServletContextEvent ce) { }
    public void contextInitialized(ServletContextEvent ce) {
        ServletContext context = ce.getServletContext();
        //在创建 Web 应用时就将当前在线人数设置为 0
        context.setAttribute("userNumber", 0);
    }
}
```

这里省略了相关 JSP/HTML 代码,在 JSP 页面中只需用 Java 代码取出该值,或用 JavaScript 技术也可。

上文已经提到过,session 对象会在自动失效或者显式调用 invalidate()方法时被销毁,假设在用户注销登录时调用 HttpSession 的 invalidate()方法,则 LogoutServlet.java 的代码如下:

```
package com.servlet;
import java.io.IOException;
import javax.servlet.ServletException;
import javax.servlet.annotation.WebServlet;
import javax.servlet.http.HttpServlet;
import javax.servlet.http.HttpServletRequest;
import javax.servlet.http.HttpServletResponse;
import javax.servlet.http.HttpSession;
public class LogoutServlet extends HttpServlet {
    protected void doGet(HttpServletRequest request, HttpServletResponse response)
            throws ServletException, IOException {
        HttpSession session = request.getSession();
        session.invalidate();
    }
    …                                       //此处省略 doPost()函数以及其他代码
}
```

当浏览器关闭时,session 对象并不会立刻消除,需要在 web.xml 中设置 session 对象的全局失效时间:

```
<session-config>
    <session-timeout>10</session-timeout>        //代表 session 对象在 10min 后失效
</session-config>
```

监听器的 XML 配置代码如下:

```
<listener>
    <listener-class>com.listener.UserNumberListener</listener-class>
</listener>
```

在实际应用中,还有许多实用的监听器,这里就不一一列举了。监听器作为 Web 项目的观察者,为开发者清楚地展示了 Web 项目中各对象的各种状态,以更加直观的方式让开发者观察各对象的生命周期。

5.4 本章小结

本章讲解了 Servlet 技术体系,重点介绍了过滤器及监听器技术,同时提供了几个比较完整的应用案例,这些技术在实际项目开发过程中有实际意义。Servlet 类现在不用于业务逻辑的处理,而是在 MVC 开发模式中充当控制层,它的作用是捕获各种请求以及转发控制请求。对于主流的基于 Java Web 开发架构(如 SpringMVC 等)的 Web 应用,其底层实现无不依赖于 Servlet 技术,所以了解并掌握 Servlet 技术体系,对掌握主流开发框架有积极意义。

第 6 章　Spring 与 SpringMVC 技术

本章主要讲解 Spring 与 SpringMVC 框架技术的基本概念、工作原理和相关示例。首先重点讲解 Spring 框架的依赖注入等核心技术，并介绍与之相关的 POJO 类与注解等相关概念；然后介绍 SpringMVC 技术的使用方法；最后通过案例让读者加深对上述两种技术的理解，学会基本的使用方法。

6.1　Spring 概述

6.1.1　什么是 Spring

Spring 是一种十分流行的 Java 企业级应用程序开发框架。世界上数以百万计的开发人员使用 Spring 框架编写高性能、易测试和可重用的代码。Spring 框架是一个开源的 Java 平台，它起源于 Rod Johnson 在 2002 年出版的著作 *Expert One-on-One J2EE Design and Development*，书中分析了 JavaEE 的开发效率和实际性能等方面存在的问题，从实践和架构的角度探讨了简化开发的原则和方法。

Spring 框架的目标是使 JavaEE 的开发更加容易，并通过使用基于 POJO(Plain Old Java Object)的编程模型来促进良好的编程实践。Spring 框架的核心功能可用于开发任何 Java 应用程序，也可以用于在 JavaEE 平台的顶部构建 Web 应用的扩展。现在 Spring 框架的版本仍在不断演化，已经成为 Java 开发框架的一种事实标准，对 JavaEE 规范本身也产生了重要影响。例如，EJB 规范就在发展中逐渐引入了众多 Spring 框架的优秀特征。Spring 框架的优势可总结如下：

(1) Spring 使开发人员能够使用 POJO 开发企业级应用。使用 POJO 的好处是开发者不再需要使用类似应用服务器的 EJB 容器产品，而只需选择一个强大的 Servlet 容器，如 Tomcat 或其他商业产品。

（2）Spring 以模块化的方式组织。尽管包和类的数量十分巨大，但允许开发者自行选择并应用符合自身需要的模块，而无须将不相关的其他模块引入，还可以将 Spring 与其他框架集成，使开发过程更有针对性、更有效率。

（3）Spring 并不是将 JavaEE 推倒重来，而是真正利用现有的一些技术，如 ORM 框架、日志框架、JEE、Quartz 和 JDK Timers，以及其他视图技术。

（4）使用 Spring 编写测试应用程序是很简单的，因为依赖环境的代码被移动到 Spring 框架中。此外，通过使用 JavaBean 风格的 POJO，利用依赖注入来注入测试数据变得更容易。

（5）Spring 的 Web 框架是一个精心设计的 Web MVC 框架，它提供了一个很好的 Web 框架，可以替代 Struts 或其他不受欢迎的 Web 框架。

（6）Spring 提供了一个方便的 API 用于将特定技术的异常（例如由 JDBC、Hibernate 或 JDO 抛出的异常）转换为一致的、未检查的异常。

（7）相比于 EJB 容器，IOC 容器往往是轻量级的。这有利于在内存和 CPU 资源有限的计算机上开发和部署应用程序。

（8）Spring 提供了一个一致的事务管理接口，可以缩小到一个本地事务（例如使用一个单一的数据库），也可以扩展到一个全局事物（例如使用 JTA）。

6.1.2　Spring 框架结构

Spring 是基于 Java 平台的一站式轻量级开源框架，为应用程序的开发提供了全面的基础设施支持，使得开发者能够专注于应用开发而不用关心底层的框架。Spring 是在基于 Java 企业平台的大量 Web 应用的基础上积极扩展和不断改进而形成的，它解决的是业务逻辑层和其他各层的松耦合问题，因此它将面向接口的编程思想贯穿于整个系统应用。同时，Spring 框架本身具有模块化的分层架构，开发者可以根据需要使用其中的各个模块。

Spring 框架对 Java 企业应用开发中的各类通用问题都进行了良好的抽象，因此能够把应用的各个层次所涉及的特定开发框架（如 MVC 框架、ORM 框架）方便地组合到一起。Spring 是一个优秀的一站式集成框架。

Spring 框架由 18 个功能模块组成。这些功能模块组成 Core Container、Data Access/Integration、Web（MVC/Remoting）、AOP、Aspects、Instrumentation、Messaging 和 Test 8 个大模块，其结构如图 6-1 所示。

下面依次介绍这些模块。

1. Core Container 模块

图 6-1 中位于 Test 模块上层的是 Core Container（核心容器）模块。Spring 的核心容器由 Beans、Core、Context 和 SpEL 模块组成，Spring 的其他模块都是建立在核心容器之上的。

Beans 和 Core 模块实现了 Spring 框架的基本功能，规定了创建、配置和管理 Bean 的方

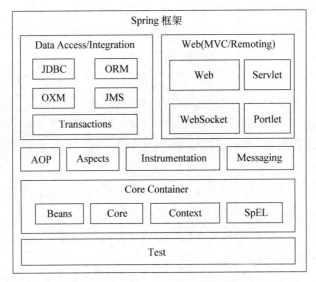

图 6-1　Spring 框架体系结构

式,提供了控制反转和依赖注入的特性。核心容器中的主要组件是 BeanFactory 类,它是工厂模式的实现,JavaBean 的管理就由它来负责。BeanFactory 通过 IOC 将应用程序的配置以及依赖性规范与实际的应用程序代码相分离。

Context 模块建立在 Bean 和 Core 模块之上,该模块向 Spring 框架提供了上下文信息。它扩展了 BeanFactory,提供了国际化、资源加载和校验等功能,并支持与模块框架(如 Velocity、Freemarker)的集成。

SpEL 模块提供了一种强大的表达式语言,用于访问和操纵运行时对象。该表达式语言是在 JSP 2.1 中规定的统一表达式语言的延伸,支持以下功能:设置和获取属性值,方法调用,访问数组、集合和索引,逻辑和算术运算,根据名称从 IOC 容器中获取对象,等等,也支持 List 投影、选择和聚合功能。

2. Data Access/Integration 模块

Data Access/Integration(数据访问/集成)模块由 JDBC、ORM、OXM、JMS 和 Transactions 这几个模块组成。

在编写 JDBC 代码时需要一套程序化的代码,Spring 的 JDBC 模块对这些程序化的代码进行抽象,提供了一个 JDBC 的抽象层,这样就大幅减少了开发过程中数据库操作代码的编写工作,同时也避免了开发者面对复杂的 JDBC API 以及因为释放数据库资源失败而引起的一系列问题。

ORM 模块为主流的对象关系映射(Object-Relation Mapping)API 提供了集成层,这些主流的对象关系映射 API 包括 JPA、JDO、Hibernate 和 Mybatis。该模块可以将对象关系映射框架与 Spring 提供的特性组合使用。

OXM 模块为支持对象/XML 映射(Object/XML Mapping)的实现提供了一个抽象层,

这些支持对象/XML 映射的实现包括 JAXB、Castor、XMLLBeans、JiBX 和 XStream。

JMS(Java Messaging Service,Java 消息服务)模块包含发布和订阅消息的特性。

Transactions 模块提供了对声明式事务类和编程事务类的支持,这些事务类必须实现特定的接口,并且对所有的 POJO 都适用。

3. Web(MVC/Remoting)模块

Web(MVC/Remoting)模块包括 Web、Servlet、WebSocket 和 Portlet 4 个模块。

Web 模块提供了基本的面向 Web 的集成功能,如多文件上传、使用 Servlet 监听器初始化 IOC 容器和面向 Web 的应用上下文,还包含 Spring 的远程支持中与 Web 相关的部分。

Servlet 模块也称作 Web-MVC 模块,提供了 Spring 的 Web 应用的 MVC 实现,包含了 Spring 的 MVC 框架和用于 Web 应用程序的 REST Web 服务的实现。Spring 的 MVC 框架在域模型代码和 Web 表达之间形成了清晰的边界,并且集成了 Spring 框架的所有其他功能。

WebSocket 模块为基于 WebSocket 的开发提供了支持,而且在 Web 应用程序中提供了客户端和服务器端之间通信的两种方式。

Portlet 模块提供了一个在 Portlet 环境中使用 Web-MVC 的实现。

4. AOP、Aspects、Instrumentation 和 Messaging 模块

AOP 模块提供了面向切面编程的实现,使用该模块可以定义方法拦截器和切点,将代码按功能进行分离,降低它们之间的耦合度。利用代码级的元数据功能,还可以将各种行为信息合并到开发者的代码中。

Aspects 模块提供了对 AspectJ 的集成支持。

Instrumentation 模块提供了类的检测支持,并且类的加载器实现可以用于特定应用服务中。Spring-Instrument-Tomcat 模块包含了 Spring 为 Tomcat 提供的监测代理。

Messaging 模块带有一些来自 Message、MessageChannel、MessageHandler 等 Spring Integration 对象的关键抽象,是基于消息传递的应用的服务基础。这个模块包含了一组用于消息映射的方法注释,类似于基于编程模式的 SpringMVC 注释。

5. Test 模块

Test 模块支持使用 JUnit 和 TestNG 对 Spring 组件进行单元测试和集成测试,它提供了一致的 ApplicationContexts 并缓存这些上下文。它还提供了 mock 对象,使得开发者可以独立地测试代码。

 **Spring IOC**

Spring 最重要的两个核心功能之一是依赖注入(Dependency Injection,DI)和控制反转(Inversion Of Control,IOC)。准确地说,Spring 利用依赖注入技术实现了控制反转功能。

所谓控制反转,通俗地讲就是将合作对象的引用或依赖关系交给第三方管理,从而实现对象之间的解耦。

6.2.1　相关概念

1. POJO

POJO(Plain Ordinary Java Object,简单 Java 对象)是软件开发大师 Martin Fowler 提出的概念,指的是一个普通 Java 类。也就说,随便编写一个 Java 类,就可以称之为 POJO。之所以要提出这样一个专门的术语,是为了与基于重量级开发框架的代码相区分。例如 EJB 编写的类一般都要求符合特定编码规范,实现特定接口,继承特定基类,而 POJO 则可以说灵活方便。此外,JavaBean、SpringBean 和 POJO 的概念经常联系在一起,这里简单加以介绍。

JavaBean 是 Java 规范定义的一种组件模型,它包含了一些类编码的约定。简单来说,一个类如果拥有一个默认构造函数,有访问内部属性且符合命名规范的 setter 和 getter 方法,同时实现了 io.Serializable 接口,就是一个 JavaBean。遵守上述约定,在编写或者修改一个类的时候,就可以方便地在可视化的开发环境中进行操作,也可以方便地分发给其他开发人员。

SpringBean 是被 Spring 维护和管理的 POJO。最早 Spring 只能管理符合 JavaBean 规范的对象,这也是称之为 SpringBean 的原因。但是现在只要是 POJO 就能被 Spring 容器管理起来,这也是最常见的情况。

Java 开发领域的一大特色就是有大量开源框架可供选择和使用。通常情况下,使用任何一种开发框架,开发人员编写的业务类都需要继承框架提供的类或者接口,这样才能使用框架提供的基础功能。而对于 Spring 框架,只需通过 POJO 就能使用其强大的功能。Spring 不强制依赖于其特定的 API,这称为非侵入式开发,能够让代码更加简单并且更容易复用。

2. IOC 的基本概念

在传统的程序设计中,通常由调用者创建被调用者的实例。

例如,计算员工工资时,假设员工 Employee 是薪水类 Salary 的数据成员(属性),则工资计算代码为

```
Salary salary=new Salary(new Employee(相关参数),其他成员);
salary.calSalary();
```

显然,Employee 和 Salary 存在关联(依赖)关系,由后者创建前者的实例,二者存在耦合关系。而在 Spring 框架技术中,调用者不负责被调用者的实例创建工作,该工作由 Spring IOC 容器负责完成,它通过开发者的配置来判断实例的类型,创建后再根据需要自动注入调用者。由于 Spring 容器负责创建被调用者的实例,实例创建后又负责将该实例注入调用

者,因此被称作依赖注入。而被调用者的实例创建工作不再由调用者完成,而是由 Spring 容器完成的,因此被称作控制反转。依赖注入可以通过将参数传递给构造函数或使用 setter 方法进行后期构造来实现。

3. Spring 的 XML 配置文件

Spring IOC 的核心就是一个对象容器,所有对象(bean)通过 Spring 的 XML 配置文件进行管理,其实质就是一个大工厂。这样就可以把原本由 Java 代码管理的耦合关系提取到 XML 配置文件中管理,从而实现了系统中各组件的解耦,有利于后期升级和维护。

该配置文件比较简单,根元素为<beans>,其内部由多个<bean>元素组成,基本格式如下:

```
<?xml version = "1.0" encoding = "UTF-8"?>
    <beans xmlns = "http://www.springframework.org/schema/beans"
    xmlns:xsi = "http://www.w3.org/2001/XMLSchema-instance"
    xmlns:context = "http://www.springframework.org/schema/context"
    xsi:schemaLocation = "http://www.springframework.org/schema/beans
    http://www.springframework.org/schema/beans/spring-beans.xsd
    http://www.springframework.org/schema/context
    http://www.springframework.org/schema/context/spring-context.xsd">
    <bean id="helloWorld" class="SpringFirst.HelloWorld">
    <property name="message" value="Hello World!"/>
</beans>
    <!-- 其他<bean>元素-->
```

需要注意的是:

(1) xsi:schemaLocation 是模式文档的位置,不要注明版本号,这样可以与最新版本同步。

(2)<bean>元素的 id 属性的值是一个字符串字面量,在配置文件中,表示 bean 对象的标识号,是唯一的,不同的<bean>元素的 id 属性有不同的字面量值,一般可以与对应的类名同名,但第一个字母小写。class 属性的值是 bean 对象的全路径类名(包括包名)。

(3)<bean>元素中的<property>子元素表示 bean 所代表的类的数据成员或属性。

实际上,Spring IOC 的内部实现方式是:通过<bean>元素配置信息,利用工厂方法和反射机制,根据类名、标识名(id 属性值)生成对象。

6.2.2 Spring IOC 容器管理 bean

Spring IOC 容器管理 bean 的使用步骤如下:

(1) 导入 Spring 包。在 Eclipse 中,新建一个 Java 项目后,首先需要导入 Spring 相关的包,具体步骤是:选中项目名,右击,在弹出的快捷菜单中选择 Build Path→Configure Build Path 命令,在弹出的对话框中选择 Add External JARs 复选框,选择 Spring 相关的包(需要到官网下载),完成外部包的导入。

（2）在 src 目录下新建一个 Spring 的 XML 配置文件,命名为 springBean.xml。

（3）在 src 目录下新建一个包,在其中新建一个 HelloWorld 类,代码如下:

```
public class HelloWorld {
    private String message;
    public void setMessage(String message){
        this.message=message;
    }
    public String getMessage(){
        return this.message;
    }
}
```

（4）在包中新建测试类 AppTest,代码如下:

```
public class AppTest {
    public static void main(String[] args) {
        ApplicationContext context=new ClassPathXmlApplicationContext("springBeans.
            xml");
        HelloWorld obj1=(HelloWorld) context.getBean("helloWorld");
        System.out.println(obj1.getMessage());
        HelloWorld obj2=(HelloWorld) context.getBean("helloWorld");
        obj2.setMessage("张三,你好");
        System.out.println(obj2.getMessage());
        System.out.println("obj1="+obj1.getMessage());
    }
}
```

（5）运行测试类,结果如下是:

```
Hello World!
张三,你好
obj1=张三,你好
```

关于 Spring IOC 容器管理 bean,要注意以下几个问题:

（1）对象 obj1 并不是通过 new 实例化,而是通过 XML 文件配置的类名和唯一标识名(id)实例化。

（2）默认情况下,从配置文件装配的对象是单例的(singleton),Spring IOC 容器中只会存在一个共享的 bean 实例,并且所有对 bean 的请求,只要 id 与该 bean 相匹配,则只会返回 bean 的同一实例。obj1 与 obj2 引用的是同一个对象。可通过设置 scope＝prototype 改变单例模式。

（3）从 Spring 容器中生成的对象的生命周期由容器来维护,可参考相关文档。

6.2.3　基于 XML 的依赖注入

6.2.2 节介绍了 IOC 的基本概念以及实现的具体例子。在实际项目中，对象之间的依赖关系更为复杂，由于需求不同，要求的注入方法也不同。本节主要介绍 Spring 常用的对象注入方法。常用的注入方法有 setter 方法注入、构造方法注入以及工厂方法注入等。注入方法不同，Spring 的 XML 配置方式也不同，框架实现的技术也有区别。以下结合实际例子来说明。

假设在一个 Web 项目中有 3 种对象：User 对象、UserService 对象和 UserDao 对象。它们之间的关联关系是：User 对象和 UserDao 对象是 UserService 对象的属性（数据成员）。

1. setter 方法注入

在 6.2.2 节的项目中，在 src 目录下新建了名为 IOC 的包。在包中创建以下 3 个类：

```
public class User {
    private String name;
    ...                                      //其他代码
    public String getName() {return name;}
    public void setName(String name) {this.name=name;}
}
public class UserDao {
    public void login(User u) {
            System.out.println("welcome"+u.getName());
    }
    ...                                      //其他代码
}
public class UserService {
    private UserDao userDao;
    private User user;
    //必须有 set 方法,可以没有构造器
    public void setUserDao(UserDao userDao) {this.userDao=userDao;}
    public void setUser (User user) {this.user=user;}
    public void loginUser() {userDao.login(user); }
    ...                                      //其他 API
}
```

在 Spring 的 XML 文件中增加以下内容：

```
<!-- 注册 userService -->
<bean id="userService" class="IOC.UserService">
    <property name="userDao" ref="userDao"></property>
    <property name="user" ref="user"></property>
</bean>
```

```
<!-- 注册 UserDao -->
<bean id="userDao" class="IOC.UserDao"></bean>
<!-- 注册 user -->
<bean id="user" class="IOC.User">
    <property name="name" value="张三"/>
</bean>
```

ref 属性说明引用的对象。例如, userService 对象的属性 userDao 引用的是 IOC. UserDao 的对象。

新建测试类 IOCTest：

```
public class IOCTest {
    public static void main(String[] args) {
        ApplicationContext context=new ClassPathXmlApplicationContext("springBeans.
            xml");
        UserService obj1=(UserService) context.getBean("userService");
        obj1.loginUser();
    }
}
```

运行结果如下：

```
welcome 张三
```

从运行结果中不难发现,在从配置文件生成 obj1 时,需同时实例化 User 对象和 UserDao 对象,这个过程对于用户程序是透明的,用户不需要写任何代码,Spring 根据配置文件中对象的引用关系以及 UserService 对象的 set 方法自动注入。Spring 框架装配 UserService 对象 obj1 时,实际上先用默认构造器(无参构造器)生成对象,然后根据 UserService 对象提供的 set 方法给对象赋值,所以 UserService 对象需要提供 set 方法。同理,User 对象的生成也是根据引用关系按 set 方法注入,而 UserDao 对象的生成则是根据引用关系按构造器方法注入,因为 UserDao 对象没有 set 方法。

2. 构造方法注入

使用构造方法注入对象时,只对 UserService 对象和配置文件进行修改。

对 UserService 对象的代码修改如下：

```
public class UserService {
    private UserDao userDao;
    private User user;
    public UserService(UserDao userDao,User user){
        this.userDao=userDao;this.user=user;
    }//有构造器,可以没有 set 方法。若没有数据成员,则无参构造器可省略
    public void loginUser() {userDao.login(user); }
    ...                                         //其他 API
}
```

对配置文件的修改如下：

```
<!-- 注册 userService -->
<bean id="userService" class="IOC.UserService">
    <constructor-arg ref="userDao"> </constructor-arg>
    <constructor-arg ref="user"> </constructor-arg>
</bean>
```

其他代码没有变化。测试运行结果是一样的。

构造方法注入较 set 方法更为简单，实际上一般直接调用构造方法生成 UserService 对象。在配置文件中需要引入＜constructor-arg＞元素，表明构造器的参数，需要注意元素的顺序与构造器的形参顺序一致。UserDao 对象和 User 对象的生成与自动注入也采用上面的 set 方法。

6.2.4　基于注解的依赖注入

从 6.2.3 节可知，对于用户来说，Spring 管理对象以及自动注入依靠的是 XML 配置文件。当项目中使用的对象越来越多时，对象之间的关联关系也越来越复杂，XML 配置文件的维护也变得越来越困难了。从 Spring 2.5 开始，Spring 提供了用注解实现依赖注入的功能。因此，可以使用有关类、方法或字段声明的注解将 bean 配置移动到组件类中，而不再使用 XML 配置文件进行描述。基于注解的依赖注入在 XML 配置方式之前执行，因此，XML 配置将覆盖前者。默认情况下，Spring 容器中没有打开注解配置方式。因此，在使用基于注解的配置之前，需要在 Spring 配置文件中启用它，也就是在配置文件中增加＜context：annotation-config/＞。

```
<?xml version="1.0" encoding="UTF-8"?>
<beans xmlns=…>
<context:annotation-config/>
<!--<bean>…</bean>-->
</beans>
```

1. @Autowired 注解

Autowired 从字面理解是自动连线，实际上是自动组装对象的意思。有了＠Autowired 注解，在配置文件中就不必说明对象的相互引用关系，可以简化 XML 文件的配置格式，＠Autowired 注解可以实现基于 set 方法的注入、基于构造器的注入，甚至可以实现基于字段（field）的注入。简单地说，＠Autowired 可以注解 set 方法、构造器及字段。

下面举例说明用＠Autowired 注解字段的方法。

对 6.2.3 节的示例作以下修改。

对配置文件的修改如下：

```
...
<context:annotation-config/>
<!-- 注册 userService -->
<bean id="userService" class="IOC.UserService">
<!-- 去掉所有子元素,即<property>元素和<constructor-arg>元素-->
</bean>
<!-- 其他不变  -->
```

UserService 代码如下：

```
import org.springframework.beans.factory.annotation.Autowired;
public class UserService {
    @Autowired
    private UserDao userDao;
    @Autowired
    private User user;
    /* @Autowired
    public UserService(UserDao userDao,User user) {
        this.userDao=userDao;
        this.user=user;
    } */
    /* @Autowired
    public void setUserDao(UserDao userDao) {this.userDao=userDao;}
    @Autowired
    public void setUser(User user) {this.user=user;} */
    public void loginUser() {
        userDao.login(user);
    }
    ...                                        //其他 API
}
```

运行结果与 6.2.3 节完全一样,以上代码采用注解字段方法。注解构造器方法和注解 set 方法的代码被注释掉了,读者可以采用这两种方法进行测试。

2. 其他注解

采用@Autowired 注解,可以简化 Spring 配置文件,但是所有 bean 仍然必须在 XML 文件中进行配置。为解决这个问题,Spring 提供了对各类 bean 的注解,常用的注解有以下几个:

- @Component：顾名思义,该注解是组件的意思,可用于所有 bean 的注解,包括以下 3 个注解,所以不常用。
- @Controller：专门用于 Web 项目的控制器,类似于 Servlet 中的@WebServlet。
- @Service：专门用于项目中的业务类,包括实体类。
- @Repository：专门用于数据库持久层(即 DAO 层)的类。

本节内容只涉及@Service注解,以下对 6.2.3 节的例子再做改动。首先,新建一个包,取名 annotation,在包中新建以下几个类:

```
@Service
public class User {
    private String name;
    ...                                    //其他代码
    public String getName() {return name;}
    public void setName(String name) {this.name=name;}
}
@Repository
public class UserDao {
    public void login(User u) { System.out.println("welcome"+u.getName());    }
    ...                                    //其他代码
}
public class UserService {
    @Autowired
    private UserDao userDao;
    @Autowired
    private User user;
    public void loginUser() {userDao.login(user); }
    ...                                        //其他 API
}
```

由于对 User 对象和 UserDao 对象使用了@Service 等注解,因此,可以在 XML 配置文件中删去关于 User 对象和 UserDao 对象的配置,读者可以自己写测试代码,会发现运行结果是一样的。同时也能发现 XML 配置文件简化了,甚至什么都不需要了。

Spring 也支持基于 JSR-250 的注解,包括@PostConstruct、@PreDestroy 和@Resource 注解。因为在其他框架中可能已经有了替代品,这些注解并不一定是必要的,与此相关的内容可参考第 7 章。

6.3 面向切面编程

Spring 的另一核心技术是面向切面编程(AOP),它是面向对象编程(Object-Orient Programming,OOP)的补充和完善。在 OOP 中通过继承、封装和多态性等概念建立多个对象之间的层次结构关系,但当需要为这些分散的对象加入一些公共的行为时,OOP 就显得力不从心了。换句话说,OOP 擅长的是定义从上到下的关系,但是并不适合定义从左到右的关系。以日志功能为例,日志代码往往分散地存在于所有的对象层次中,而这些代码又与其所属对象的核心功能没有任何关系。像日志代码这种分散在各处且与对象核心功能无关的代码就被称为横切(cross-cutting)代码。在 OOP 中,正是横切代码的存在导致大量的代码重复,而且增加了模块复用的难度。这些横切代码在概念上与应用程序的业务逻辑分离,在日志、声明性事务、安全性、缓存等方面有许多常见的例子。

AOP 的出现恰好解决了 OOP 技术的局限性。AOP 利用称为横切的技术,将封装好的对象切开,找出其中对多个对象产生影响的公共行为,并将其封装为一个可重用的模块,这个模块被命名为切面(aspect)。切面将那些与业务无关,却被业务模块共同调用的逻辑提取并封装起来,减少了系统中的重复代码,降低了模块间的耦合度,同时提高了系统的可维护性。AOP 类似于编程语言(如 Perl、.NET、Java 等)中的触发器。

Spring AOP 模块提供拦截器来拦截应用程序。例如,当执行一个方法时,可以在方法执行之前或之后添加额外的功能。在开始使用 AOP 之前,需要先熟悉 AOP 的术语。这些术语不是针对 Spring 的,而是与 AOP 相关的,如表 6-1 所示。

表 6-1　AOP 的术语

术　　语	描　　述
Aspect	切面,该模块有一组提供横切需求的 API。例如,日志模块被称为用于日志记录的 AOP 切面。根据需求,应用程序可以拥有任意数量的切面
Join point	连接点,表示在应用程序中可以插入 AOP 切面的一个点。也可以说,它是在应用程序中使用 Spring AOP 框架进行操作的实际位置
Advice	通知,这是在方法执行之前或之后要采取的实际操作。这是一个实际的代码,是在 Spring AOP 框架下在程序执行过程中调用的
Pointcut	切点,这是一组一个或多个连接点,在这里一个通知将被执行。可以指定使用表达式或者模式指定切入点
Introduction	引入,允许向现有类添加新的方法或属性
Target object	目标对象,被一个或多个切面通知的对象。这个对象永远是一个被代理的对象,也称为通知对象
Weaving	织入,是将各方面与其他应用程序类型或对象联系起来以创建一个通知对象的过程。这可以在编译、加载或运行时完成

Spring 切面可以使用以下 5 种通知类型,如表 6-2 所示。AOP 的示例将在第 7 章的具体应用中详细说明。

表 6-2　切面的 5 种通知类型

通 知 类 型	描　　述
before	在连接点前面执行。该通知不会影响连接点的执行,除非此处抛出异常
after	在连接点执行完成后执行。无论正常完成,还是抛出异常,都会执行返回通知中的内容
after-returning	在连接点正常执行完成后执行。如果连接点抛出异常,则不会执行
after-throwing	在连接点抛出异常后执行
around	在连接点前后执行。这是最强大的通知类型,能在方法调用前后自定义操作

6.4 SpringMVC 框架

6.4.1 概述

SpringMVC 是当前最优秀的 MVC 框架,自从 Spring 3 版本发布后,由于 Spring 支持注解配置,使 SpringMVC 的易用性有了大幅度的提高。现在越来越多的开发团队选择 SpringMVC。

SpringMVC 框架提供了 MVC 架构和现成组件,它们可以用来开发灵活和松散耦合的 Web 应用程序。MVC 模式可以分离应用程序的不同逻辑(输入逻辑、业务逻辑和 UI 逻辑),同时提供这些逻辑之间的松散耦合。

(1) 模型封装了应用程序的数据,通常由 POJO 组成。

(2) 视图负责呈现模型数据,并且通常生成客户端浏览器可以解释的 HTML 输出。

(3) 控制器负责处理用户请求并构建适当的模型,将其传递给视图呈现出来。

6.4.2 运行原理

SpringMVC 框架是围绕一个处理所有 HTTP 请求和响应的 DispatcherServlet 设计的。SpringMVC 的 DispatcherServlet 请求处理流程如图 6-2 所示。

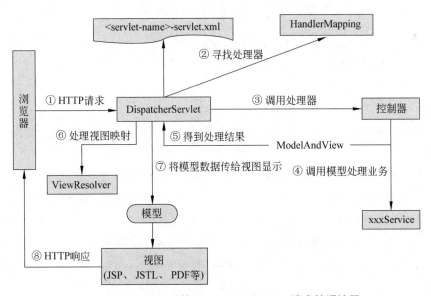

图 6-2　SpringMVC 的 DispatcherServlet 请求处理流程

以下是一个 HTTP 请求输入到 DispatcherServlet 的事件序列：

（1）接收一个 HTTP 请求后，DispatcherServlet 询问 HandlerMapping，并调用适当的控制器进行处理。

（2）控制器根据其使用的 GET 或 POST 方法接收请求并调用相应的服务方法。服务方法将在定义的业务逻辑基础上设置模型数据，并返回视图名称给 DispatcherServlet。

（3）DispatcherServlet 将在 ViewResolver 的帮助下得到为该请求定义的视图。

（4）视图完成后，DispatcherServlet 将模型数据传输到视图，最后在浏览器中呈现。

图 6-2 中的组件，即 HandlerMapping、控制器和 ViewResolver 都是上下文环境 WebApplicationContext 的一部分，它是具有 Web 应用程序所必需的额外特征的 PlainApplicationContext 的扩展。

DispatcherServlet 是前置控制器（总控制器），它的父类是 Servlet，配置在 web.xml 文件中。在 SpringMVC 程序中，所有的前端请求都被该控制器拦截（需要注意，它不是 Servlet 中的过滤器），拦截匹配规则需要自己定义，把拦截下来的请求依据规则分发到目标控制器处理。其代码如下：

```
<web-app>
    <servlet>
        <servlet-name>Demo</servlet-name>
        <servlet-class>
            org.springframework.web.servlet.DispatcherServlet
        </servlet-class>
        <load-on-startup>1</load-on-startup>
    </servlet>
    <servlet-mapping>
        <servlet-name>Demo</servlet-name>
        <url-pattern>*.do</url-pattern>
    </servlet-mapping>
</web-app>
```

＜load-on-startup＞1＜/load-on-startup＞是启动顺序，让这个 Servlet 随 Servlet 容器一起启动。

＜url-pattern＞*.do＜/url-pattern＞会拦截所有以"*.do"结尾的请求。

＜servlet-name＞Demo＜/servlet-name＞这个 Servlet 可以有多个 DispatcherServlet，是通过名字来区分的。每一个 DispatcherServlet 有自己的 Web ApplicationContext 对象。

在 DispatcherServlet 的初始化过程中，框架会在 Web 应用的 WEB-INF 文件夹下寻找名为＜servlet-name＞-servlet.xml 的配置文件，例如 Demo-servlet.xml，生成文件中定义的 bean。

如果 DispatcherServlet 只是一个总控制器的作用，则无多大意义，服务器（Tomcat）就可以做此事。DispatcherServlet 的主要作用如下：

（1）它是一个连接桥梁，使得 Web 项目（Servlet 技术体系）与 Spring IOC 容器无缝集成。也可以这样理解，DispatcherServlet 有双重身份，它在 web.xml 中进行配置，说明它的 Servlet 身份。它初始化时，依据的是＜servlet-name＞-servlet.xml 配置文件，该文件实质就是前面描述的 Spring 配置文件，从而能够获得 Spring 的所有技术特点。

（2）作为 Servlet 身份，在保留普通的 request、response 请求与响应数据处理的基础上，扩展与丰富了数据处理功能，包括可以接收前端的 JSON 串数据。在其他业务类的协作下，后端控制器还可以接收 Java 的 POJO 对象数据。

（3）文件上传解析，假设请求类型是 multipart，可通过 MultipartResolver 进行文件上传解析。

（4）提供了后端本地化渲染的功能，按照 DispatcherServlet 请求处理流程，普通处理器处理相关业务请求后，可以把数据封装在 ModelAndView 中发回 DispatcherServlet，并由它调用视图解析器对页面进行动态渲染，最后发往前端浏览器。

（5）如果不在后端渲染，而是在前端渲染，控制器直接把数据写回前端。

6.4.3 SpringMVC 注解

1. @Controller

@Controller 注解用于标记一个类，使用它标记的类就是一个 SpringMVC 控制器对象。它是 SpringMVC 核心注解，受 IOC 容器管理。被它注解的类并不是 Servlet，与总控制器（DispatcherServlet）的关系是设计模式中的前端控制器模式。当然，在实际使用过程中，@Controller 注解类的作用类似于 Servlet，负责处理由 DispatcherServlet 分发的请求，可以理解为二级控制器。需要注意的是，最后的请求处理会落到@Controller 类的某个方法上。分发处理器会扫描使用了该注解类的方法，并检测该方法是否使用了@RequestMapping 注解。

只使用@Controller 标记一个类，还不能在真正的意义上说它就是 SpringMVC 的一个控制器类，因为这时 Spring 还不能识别它。可以用两种方法把这个控制器类交给 Spring 来管理，让 Spring 能够识别该控制器类：一是在 SpringMVC 的配置文件中定义 MyController 的 bean 对象；二是在 SpringMVC 的配置文件中告诉 Spring 该到哪里去找标记为@Controller 的 Controller 控制器。以下两种方法的简单描述：

```
<!--方式 1-->
<bean class="com.controller.MyController"/>
<!--方式 2-->
< context:component-scan base-package="com.controller"/>
```

一般情况下，采用第二种方法。

2. @RequestMapping

@RequestMapping 用于定义 URL 请求和 Controller 方法之间的映射，有点类似于

Servlet 技术体系中对访问路径的配置,它可以用于注解控制器,也可以用于注解控制器中的方法。将该注解用于类上,表示类中的所有响应请求的方法都是以该地址作为父路径;将该注解用于类的某个方法上,表示该方法才是真正处理请求的处理器。@RequestMapping 注解有 6 个属性,如表 6-3 所述。

表 6-3　@RequestMapping 注解的属性

属　　性	参 数 含 义
value	指定请求的实际地址,可以是 URI Template 模式
method	指定请求的 method 类型,如 GET、POST、PUT、DELETE 等
consumes	指定提交的内容类型(Content-Type),如 application/json、text/html
produces	指定返回的内容类型,仅当 request 请求头中的 Accept 类型中包含该指定类型时才返回内容
params	指定 request 中必须包含某些参数值时才处理
headers	指定 request 中必须包含某些指定的 header 值时才处理

3. @RequestParam

@RequestParam 注解作用于控制器的方法的参数,其作用类似于 Servlet 的 request 的 getParameter()方法,能接收前端用 application/x-www-form-urlencoded 格式发送的标准请求数据,数据被编码为名称/值对,这也是标准的编码格式。下面对 Servlet 与 SpringMVC 两种技术进行比较,以加深读者对@RequestParam 的理解。

假设前端有以下代码:

```
axios("user/userNameCheck.do? name="+this.userName).then(function(response){
    if(response.data=="ok"){self.promptNameMess="用户名可用";}
    else{ self.promptNameMess="用户名不合法或已被注册";}
    }).catch(function(error){});
```

后端采用@RequestParam 注解,代码如下:

```
@Controller
@RequestMapping("/user")
public class UserManagementController {
    @RequestMapping("/userNameCheck.do")
    public void checkUserName(@RequestParam(value="name") String name,
            HttpServletResponse response) throws IOException {…}
}
```

@RequestParam 有 3 个配置参数,说明如下:

(1) value 相当于 key 值。其实,若前端只传一个参数(见上面的例子),则可以简化为

```
public void checkUserName(String name,…){…}
```

（2）required 表示在请求中是否必须包含 value 参数，默认为 true。如果不包含该参数，会抛出异常。required 是可选配置参数。

（3）defaultValue 用于设置请求参数的默认值，可省略。

当然也可以采用 Servlet 技术，例如：

```
public void checkUserName(HttpServletRequset request, HttpServletResponse response)
        throws IOException {
    String name=request.getParameter("name");
}
```

4. @RequestBody

与 @RequestParam 一样，@RequestBody 注解作用于控制器方法的参数，但它接收的是 JSON 格式的数据，在适当的 HttpMessageConverter 实现类协作下，还可以直接接收 Java 的 POJO 对象数据。以下举例说明。

若前端有以下代码：

```
axios({url:"user/register.do",method:"post",
    data:{userName:this.userName,passWord:this.passWord,tel:this.tel}})
.then(function(response){if(response.data=="ok"){显示注册成功的代码}})
.catch(function(error){});
```

后端控制器代码如下：

```
@Controller
@RequestMapping("/user")
public class UserManagementController {
    @RequestMapping("/register.do")
    public void register(@RequestBody String jsonStr) {
        User user=JSON.parseObject(jsonStr, User.class);
        //JSON 数据转 bean，前提是 JSON 的 key 与 User 的属性名一致
    }
    ...
}
```

如果想把前端传过来的 JSON 数据由 SpringMVC 直接转换成 bean，则需要在 HttpMessage Converter 接口的实现类对象协作下完成，默认情况下，SpringMVC 并不提供该接口的实现类。用户程序需要在项目的 lib 目录下导入 JSON 处理包（jackson），且在 springmvc-servlet.xml 文件中增加以下 bean 设置：

```
<!-- 打开注解驱动 -->
    <mvc:annotation-driven>
    <mvc:message-converters>
    <bean class="org.springframework.http.converter.StringHttpMessageConverter"/>
    < beanclass ="org. springframework. http. converter. json. MappingJackson2HttpMessage
```

```
    Converter"/>
    </mvc:message-converters>
    </mvc:annotation-driven>
```

完成以上操作后,把后端代码改成

```
public void register(@RequestBody User user) {…}
```

当然,前提是前端 JSON 数据的 key 与后端实体类 User 的属性名一致。

5. @ResponseBody

如果没有该注解,后端控制器方法在处理结束后,如果不想把结果交给总控制器(进行模板渲染),则控制器方法是不能有返回类型的(即必须为 void),而是直接通过 HttpServletResponse 对象获得输出流,向前端页面写回数据。例如:

```
public void checkUserName(@RequestParam(value="name") String name,
        HttpServletResponse response) throws IOException {
    PrintWriter out=response.getWriter();
    response.setContentType("text/html; charset=utf-8");
    if(用户名合法) out.write("ok");
    //前端收到 ok 后可以响应。当然也可以写回复杂的 JSON 串,由前端转成 JSON 串
}
```

@ResponseBody 注解作用于控制器类或类中的方法。若是前者,则控制器的所有方法若有返回值,都不交给总控制器,而是写入 Response 对象的 body 数据区,再直接返回前端页面。前端接收数据后,可以根据情况进行处理(或渲染)。@ResponseBody 注解的方法可以返回 JSON 串,也可以在 HttpMessageConverter 接口的实现类对象协作下直接返回一个 Java 对象,由 SpringMVC 自动把 Java 对象转成相应的 JSON 串,再写回前端页面。例如:

```
@ResponseBody
public User register(@RequestBody User user) {
    //获得 user 对象,经过业务层处理
    //返回前端的数据
    return user;
}
```

注意,网络不可能传输 user 对象,返回的对象数据是由系统自动转换而成的 JSON 串。

6. @Resource 和 @Autowired

@Resource 和 @Autowired 两种注解都在 bean 的注入时使用。

其实 @Resource 并不是 SpringMVC 的注解,它对应的包是 javax.annotation.Resource,需要导入,但是 SpringMVC 支持该注解的注入。

这两种注解都可用于将 Controller 的方法返回的对象通过适当的 HttpMessageConverter

转换为指定格式后,写入 Response 对象的 body 数据区。该注解在返回的数据不是 HTML 标签的页面而是其他格式(如 JSON、XML 等)的数据时使用。

7. 其他注解

SpringMVC 的注解还有 @ ModelAttribute、@ SessionAttributes、@ Component 和 @Repository 等,限于篇幅,不再详细介绍其功能,读者可自行了解。

6.4.4 案例——基于 SpringMVC 注册页面的实现

1. 主要功能

注册页面有两个功能:一是用户名检查,二是注册信息提交。

2. 准备工作

新建一个动态 Web 项目,项目名为 SpringMVC。在 src 目录中新建 3 个包,分别用于放置控制器、实体类及业务类。在/WEB-INF/lib 目录中导入 SpringMVC 需要的包(可以从官网下,20 个左右)和 JSON 处理包(可以用 6.4.3 节的包)。项目结构如图 6-3 所示。

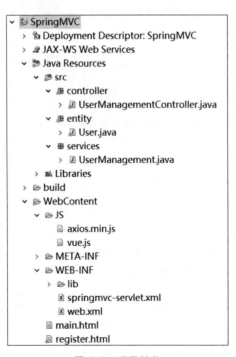

图 6-3 项目结构

修改 web.xml 文件,配置 DispatcherServlet,使 Servlet 技术与 Spring IOC 结合。

在/WEB-INF/目录中新增 springmvc.xml。它实际上是 Spring 配置文件,当服务器启动时,初始化 web.xml,并根据 DispatcheServlet 初始化 springmvc.xml。

3. web.xml 与 springmvc.xml 内容

web.xml 代码如下：

```xml
<?xml version="1.0" encoding="UTF-8"?>
<web-app xmlns:xsi=http://www.w3.org/2001/XMLSchema-instance
        xmlns="http://xmlns.jcp.org/xml/ns/javaee"
        xsi:schemaLocation="http://xmlns.jcp.org/xml/ns/javaee
        http://xmlns.jcp.org/xml/ns/javaee/web-app_4_0.xsd" id="WebApp_ID"
        version="4.0">
  <display-name>SpringMVC</display-name>
  <welcome-file-list>
    <welcome-file>register.html</welcome-file>
    <!--其他 welcome-file-->
  <servlet>
        <servlet-name>springmvc</servlet-name>
<servlet-class>org.springframework.web.servlet.DispatcherServlet</servlet-class>
        <!-- load-on-startup 表示启动容器时初始化该 Servlet -->
        <load-on-startup>1</load-on-startup>
    </servlet>
    <servlet-mapping>
        <servlet-name>springmvc</servlet-name>
<!-- url-pattern 表示拦截所有.do 扩展名的请求-->
        <url-pattern> *.do</url-pattern>
    </servlet-mapping>
<!-- 至此请求已交给 SpringMVC 框架处理,因此需要加载 Spring 的配置文件,默认会加载 WEB-
    INF/<DispatcherServlet Servlet 名称>-servlet.xml,即 springmvc-servlet. xml
    -->
</web-app>
```

springmvc—servlet.xml 代码如下：

```xml
<?xml version="1.0" encoding="UTF-8"?>
<beans xmlns="http://www.springframework.org/schema/beans"
        xmlns:mvc="http://www.springframework.org/schema/mvc"
        xmlns:xsi="http://www.w3.org/2001/XMLSchema-instance"
        xmlns:p="http://www.springframework.org/schema/p"
        xmlns:context="http://www.springframework.org/schema/context"
        xsi:schemaLocation="
        http://www.springframework.org/schema/beans
        http://www.springframework.org/schema/beans/spring-beans.xsd
        http://www.springframework.org/schema/mvc
        http://www.springframework.org/schema/mvc/spring-mvc.xsd
        http://www.springframework.org/schema/context
        http://www.springframework.org/schema/context/spring-context.xsd">
<!--自动扫描组件-->
```

```xml
<context:component-scan base-package="controller"/>
<context:component-scan base-package="entity"/>
<context:component-scan base-package="services"/>
<!--<mvc:annotation-driven>-->
<!--以下是配置转换器-->
<mvc:message-converters>
<bean class="org.springframework.http.converter.StringHttpMessageConverter"/>
<bean class="org.springframework.http.converter.json.
MappingJackson2HttpMessageConverter"/>
</mvc:message-converters>
</mvc:annotation-driven>
<!--由于该项目没有使用JSP技术,不需要配置JSP视图解析器 -->
</beans>
```

4. 实体类与业务类

实体类与业务类 User 类代码如下：

```java
public class User {
    private String userName;
    private String passWord;
    private String tel;
    public User(String userName, String passWord, String tel) {
        super();
        this.userName = userName;
        this.passWord = passWord;
        this.tel = tel;
    }
    //读者可以自行增加 set/get 以及 toString()方法
}
```

UserManagement.java 代码如下：

```java
import org.springframework.stereotype.Service;
import entity.User;
@Service
public class UserManagement {
    public User addUser(User u) {
        //不访问数据库,简单处理
        return u;
    }
    public boolean checkUserName(String name) {
        if(name.equals("123456"))
            return false;
        return true;
    }
}
```

把 UserManagement 注解为@Service,可以在控制器中利用@Autowired 注解注入该类的对象,这是 Spring IOC 的功能。

5. 前端页面

Register.html 代码如下:

```
<!DOCTYPE HTML PUBLIC "-//W3C//DTD HTML 4.0 Transitional//EN">
<html><head><title>注册页面</title>
<meta http-equiv="Content-Type" content="text/html; charset=utf-8"/>
<script src="JS/vue.js"></script>
<script src="JS/axios.min.js"></script>
</head><body>
<h1>注册页面</h1>
<div id="app">
    <form @submit.prevent="onSubmit" method="post">
    <br>用户名:<input  type="text" @blur="checkUserName" v-model="userName" />
    <span >{{promptNameMess}}</span>
    <br>密码:<input type="password" v-model="passWord"/>
    <br>联系电话:<input type="text" v-model="tel"/>
    <br><input type="submit" value="提交"/>
    <input type="reset" value="重置" name="reset" id="reset"/>
    <br><span>{{registerMess}}</span>
    <span>用户名:{{userInfo.userName}}</span>
    <span>密码:{{userInfo.passWord}}</span>
    <span>联系电话:{{userInfo.tel}}</span>
    </form></div>
    <script type="text/javascript">
    var vm=new Vue({
        el: '#app',
        data: {userName: "", passWord: "",tel: "", promptNameMess: "", registerMess: "",
        userInfo: {userName: "", passWord: "", tel: ""}
    },
methods:{
    checkUserName:function(){
        self=this;
        axios("user/userNameCheck.do? name="+this.userName)
        .then(function(response){
            if(response.data=="ok"){self.promptNameMess="用户名可用";}
            else{self.promptNameMess="用户名不合法或已被注册";}})
        .catch(function(error){alert("error");});
    },
    onSubmit:function(){
        var self=this;                        //回调函数中无法获得 this
        axios({url: "user/register.do", method: "post",
```

```
        data: {userName: this.userName, passWord: this.passWord, tel: this.tel}})
        .then(function(response){
            self.registerMess="注册成功,信息为:";
            self.userInfo=response.data;}).catch(function(error){});
        }
    }
});
</script>
</body>
</html>
```

6. 控制器 UserManagementController

控制器 UserManagementController 代码如下:

```
package controller;
import org.springframework.beans.factory.annotation.Autowired;
import org.springframework.stereotype.Controller;
import org.springframework.web.bind.annotation.RequestBody;
import org.springframework.web.bind.annotation.RequestMapping;
import org.springframework.web.bind.annotation.ResponseBody;
import entity.User;
import services.UserManagement;
@Controller
@ResponseBody
@RequestMapping("/user")
public class UserManagementController {
    @Autowired
    private UserManagement um;
    @RequestMapping("/userNameCheck.do")
    public String checkUserName(String name) {
        if(um.checkUserName(name)) return "ok";
        return "err";
    }
    @RequestMapping("/register.do")
    public User register(@RequestBody User user) {
        System.out.println(user.toString());
        return um.addUser(user);
    }
}
```

7. 运行结果

运行结果如图 6-4 所示。

8. 知识要点总结

本案例综合应用了 Spring 与 SpringMVC 的相关概念。下面的概念及解决方法需要读

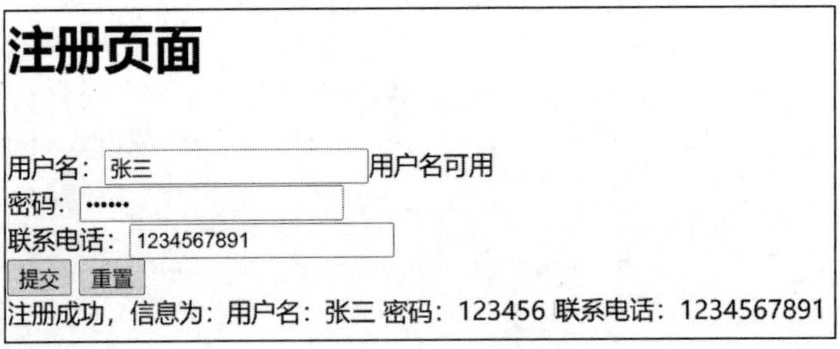

图 6-4　运行结果

者重点关注。

- @RequestMapping("/user")。对控制器类,可以不需要@RequestMapping 注解。若无此注解,则前端 axios 直接访问控制器的方法中的@RequestMapping 注解提供的 URL;若有此注解,控制器的路径相当于父路径。
- 控制器中的方法相当于 Servlet 中的 doGet()或 doPost()方法,它真正具备接收前端数据、处理业务和把数据写回前端的功能。前端的一个请求对应控制器的一个方法。方法的形参数量是由用户程序根据实际需求决定的,具体值由 DispatcherServlet 提供。当然参数值只限于以下两类:一是 Servlet 技术的 request、reponse、session 等内置对象;二是由 DispatcherServlet 对前端请求的数据进行封装、加工后的结果。

6.5　本章小结

本章首先从理论角度描述了 Spring 框架的核心功能,详细讲解了依赖注入与面向切面编程的基本概念及应用场景,并以此为基础介绍了 SpringMVC 技术,并通过用户注册案例展示了上述概念及应用,为读者学习 Spring Boot 框架打下基础。

第 7 章　Spring Boot 框架技术

本章主要讲解 Spring Boot 框架的基本概念、工作原理和相关示例。首先介绍项目搭建与管理工具 Maven，然后着重讲解基于 Spring Boot 的项目构建方法以及核心功能，并通过案例说明该框架技术的使用，为后面实现控制层、业务逻辑层、数据持久层整合打下基础。

7.1　Maven

在传统的软件项目开发、管理及维护过程中，往往会遇到以下问题：

（1）项目构建。目前，软件项目与其他工业产品一样，越来越复杂且呈现出组件化的趋势。软件项目用到的第三方组件及相关的依赖包多达几十个。去哪找这些包？组件之间的匹配度如何？这些问题都会困扰开发团队。

（2）依赖管理。有时候，某个组件所依赖的包多达几十个，开发团队不知道项目实际需要多少个包，组件中包之间的依赖关系是什么，往往产生错误后才知道少了必要的包。

（3）编译与部署。项目的开发环境、测试环境以及运行环境的部署是不一样的，主要体现在包的结构上。以前可以通过 Ant 进行打包部署，但需要编写相应的脚本，说明需要引用哪些包。Maven 集成了 Ant 的功能，且自动完成打包部署。

实际上，Maven 就是一个包含了项目对象模型（Project Object Model，POM）的软件项目管理工具，可以通过配置描述信息来管理项目的构建、报告和文档。该工具可以帮助程序员从烦琐的项目配置工作中解放出来，轻松地进行工程构建、Jar 包管理和代码编译，自动执行单元测试、打包和生成报表，甚至还能部署项目、生成 Web 站点。

7.1.1　Maven 的安装与常用配置

从 Maven 官网（https://maven.apache.org/download.cgi）下载最新的 Maven 压缩包，

如图 7-1 所示。下载完成后,将压缩包解压到用户计算机的指定目录,假设解压到 E:\Java\apache-mave-maven-3.6.3\,Maven 的目录结构如图 7-2 所示。

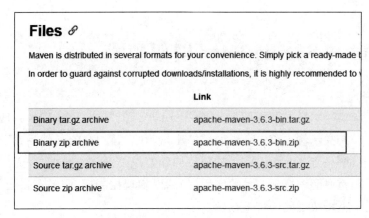

图 7-1　Maven 官网

图 7-2　Maven 的目录结构

接下来配置环境变量。右击"计算机",在弹出的快捷菜单中选择"属性"命令,在"属性"对话框中单击"高级系统设置"按钮,在"高级属性设置"对话框中单击"环境变量"按钮,设置环境变量。有以下环境变量需要配置:

(1) 新建用户变量 maven,变量值为 E:\Java\apache-mave-maven-3.6.3,如图 7-3 所示。

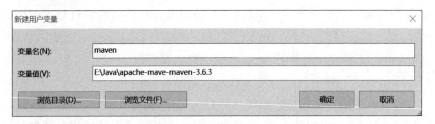

图 7-3　新建用户变量 maven

(2) 编辑系统变量 Path,在已有变量值后面添加变量值%maven%\bin,注意,多个变量值之间需要用分号隔开,然后单击"确定"按钮,如图 7-4 所示。

最后检验配置是否成功。按 Win 键+R 键,打开命令提示符窗口,输入 mvn-version 命令,若出现图 7-5 所示情况,说明配置成功。

图 7-4 编辑系统变量 Path

图 7-5 环境变量配置成功

接下来进行 Maven 的本地化配置。

（1）配置本地仓库路径。

Maven 在使用时会优先从本地获取依赖的库文件；如果没有，才会从远程仓库中下载库文件并保存到本地仓库中。因此，必须配置本地仓库地址。配置方法很简单，打开安装路径下的/conf/settings.xml 文件，对＜settings＞标签下的＜localRepository＞标签内容进行如下设置：

```
<!-- localRepository
    | The path to the local repository Maven will use to store artifacts.
    | Default: ${user.home}/.m2/repository
    -->
<localRepository>E:\Java\mavenRepository</localRepository>
```

其中 E:\Java\mavenRepository 是用户的本地仓库路径。

（2）配置镜像地址。

默认情况下，项目依赖的包的下载速度会非常慢，此时可以配置 Maven 的镜像以加快项目构建时下载依赖包的速度。此处选择阿里云的 Maven 镜像来加速。打开 Maven 安装目录下/conf/settings.xml，找到＜mirrors＞标签，添加＜mirror＞标签内容：

```
<mirror>
    <id>alimaven</id>
    <mirrorOf>central</mirrorOf>
    <name>aliyun maven</name>
```

```
        <url>http://maven.aliyun.com/nexus/content/repositories/central/</url>
</mirror>
```

7.1.2 Maven 的 pom.xml 文件与常用命令

pom.xml 文件是 Maven 的核心文件,由该文件实施项目构建与项目管理等任务。用户根据 pom.xml 文件预设的目录结构,定义项目需要的各类组件及其他信息,Maven 根据 pom.xml 中的内容,自动下载依赖包,并导入项目中,从而完成项目的构建。在项目开发过程中,根据项目的实际需求,pom.xml 文件可以不断地被改变。Maven 自动重复上述过程,从而完成项目的管理工作。pom.xml 文件结构及相关说明如下。

```
<?xml version="1.0" encoding="UTF-8"?>
<!--项目相关属性值,这是默认值,不需要改变-->
    <!--以下子元素是必需的,是使用的对象模型的版本号-->
    <modelVersion>4.0.0</modelVersion>
<!-- lookup parent from repository -->
    <!--<parent>元素是可选项,表示对同类项目中相同的包的继承。使用继承后,子项目不需
    要再次引入与父项目相同的包,可以简化本文件的结构-->
    <parent>
        <groupId>组织名称</groupId>
        <artifactId>项目名</artifactId>
        <version>版本号</version>
        <relativePath/>
    </parent>
    <!--以下元素是本项目基本信息的描述-->
    <groupId>公司名</groupId>
    <artifactId>开发团队</artifactId>
    <version>版本号</version>
    <name></name>
    <description>study project for SpringBoot</description>
    <!--<properties>是可选项,该元素定义本文件的公共属性-->
    <properties>
        <java.version>1.8</java.version>
    </properties>
    <!--项目需要的依赖定义,由多个<dependency>元素组成-->
    <dependencies>
        <!--每个<dependency>元素说明一个组件,它可能由多个包构成,由 Maven 自动寻找、
        下载和导入-->
        <dependency>
            <!--组件项目提供方有很多,所以组件需要统一的命名规则,以便于区分和定位资源。
            groupId 是项目组织唯一的标识符,命名方法类似 Java 包的结构;artifactId 相当
            于项目名;<version>表示版本号-->
```

```
        <groupId>org.mybatis.spring.boot</groupId>
        <artifactId>mybatis-spring-boot-starter</artifactId>
        <version>2.1.4</version>
    </dependency>
    <dependency>
        <groupId>mysql</groupId>
        <artifactId>mysql-connector-java</artifactId>
        <version>5.1.34</version>
        <scope>runtime</scope>
    </dependency>
</dependencies>
<!--<build>描述了 Maven 如何编译及打包项目,而具体的编译和打包工作是通过<build>
中配置的<plugin>完成的。当然<plugin>不是必选项,默认情况下,Maven 自动绑定几个插件
来完成基本操作-->
<build>
    <plugins>
        <plugin>
            <groupId>org.springframework.boot</groupId>
            <artifactId>spring-boot-maven-plugin</artifactId>
        </plugin>
    </plugins>
</build>
</project>
```

Maven 命令可以在 DOS 环境下执行,常用命令如表 7-1 所示。

表 7-1　Maven 常用命令

命　　令	说　　明
mvn package	打包项目,将输出到项目的 target 目录下
mvn clean	清理项目文件,即项目的 target 目录
mvn compile	编译项目
mvn test	执行单元测试
mvn package -Dmaven.test.skip＝true	打包项目并跳过单元测试
mvn dependency：tree	查看当前项目的依赖树

7.2　Spring Boot 框架

　　Spring Boot 是伴随着 Spring 4.0 而诞生的,是由 Pivotal 团队提供的全新框架。它的目的
就是简化 Spring 的配置及开发,并协助开发人员从整体上管理应用程序的配置,而不再像以前

那样需要做大量分散的手工配置工作。它提供了很多开发组件,并且内嵌了 Web 应用容器,如 Tomcat 和 Jetty 等,这样做的好处就是避免开发人员过多地关注框架,而把更多的精力与时间放在系统的业务逻辑代码上,简化开发工作,并且提高开发效率。它具有以下特征:

(1)可以创建独立的 Spring 应用程序,并且基于 Maven 或 Gradle 项目管理工具,可以创建可执行的 JAR 和 WAR。

(2)内嵌 Tomcat 或 Jetty 等 Servlet 容器。

(3)提供自动配置的 POM 配置文件以简化 Maven 的配置,且基本没有代码生成(由框架自动完成),也不需要 XML 配置文件。

(4)尽可能自动配置 Spring 容器。

(5)提供其他特性,如指标、健康检查和外部化配置。

7.2.1 Spring Boot 目录结构及运行过程

1. 创建 Spring Boot 项目

Spring Boot 项目的创建有多种方法,最简单的方法就是直接从官网上下载项目模板,以模板为基础直接开发 Spring Boot 项目。

首先打开官网 https://start.spring.io/,此时的界面左侧如图 7-6 所示。

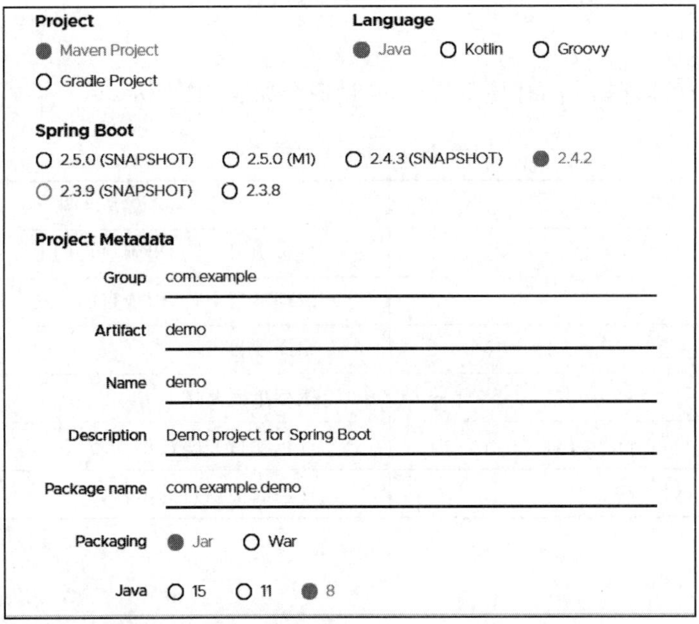

图 7-6　https://start.spring.io/

各项含义如下:

- Project:项目类型,此处选择 Maven 项目。

- Language：使用的开发语言。
- Spring Boot：项目使用的 Spring Boot 版本，带有 SNAPSHOT 的为快照版。
- Group：即 GroupId，项目所有者组织的标识符，一般为二级域名。
- Artifact：即 ArtifactId，项目的标识符(或名称)，对应项目根目录的名称。
- Name：项目的名称。
- Description：项目的介绍。
- Packaging：项目的打包方式。打包为 JAR 文件后，可以直接使用 java -jar 命令运行项目。
- Java：项目使用的 Java 版本，此处使用 Java 8。

接下来选择依赖工具，如图 7-7 所示。

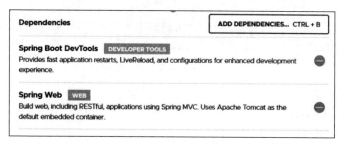

图 7-7　选择依赖工具

这里选择 Spring Boot Dev Tools 和 Spring Web。其中：

Spring Boot Dev Tools 主要用于支持应用的热启动，也就是当改变且保存项目内容后，内嵌服务器自动重新启动。

Spring Web 提供了一个可以直接使用的基础性 Web 应用。内容包括 Maven 管理工具以及服务器(默认是 Tomcat)，也包括 SpringMVC、JPA、JSON 解析及数据格式转换、文件上传下载处理、日志处理等组件和相关的依赖包。选择该工具，用户不需要对项目配置作多大改变，就可以完成 Web 项目的所有基础性配置工作，并由系统根据基础条件设置(如 JDK 版本)自动选择能匹配的相关依赖包的版本，以保持版本的一致性和组件之间的兼容性。这就是一键配置，大大提高了工作效率。

单击 GENERATE 按钮将下载一个压缩包，解压后即可导入 IDE。

2. 导入项目

以 Eclipse 为例，选择 File→Import 命令，在 Import 对话框中选择 Existing Maven Projects，如图 7-8 所示。在 Import Maven Project 对话框中选择之前解压的文件夹，单击 Finish 按钮，如图 7-9 所示。

3. 项目结构

导入后的项目如图 7-10 所示。

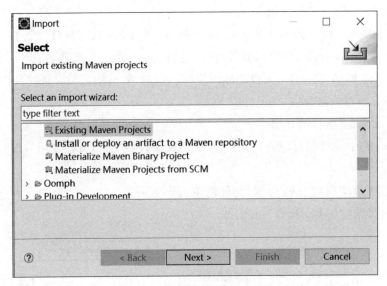

图 7-8　选择已有的 Maven 项目

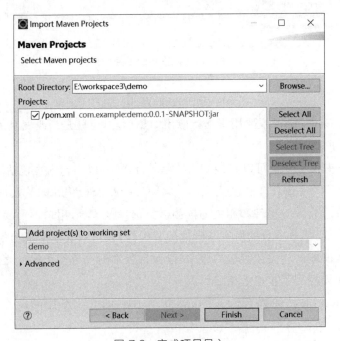

图 7-9　完成项目导入

主要目录和文件的内容如下：

- src/main/java：项目开发或生产目录，存放项目中用户程序各层的 Java 代码。

- src/main/resources：资源文件目录，存放项目各类资源文件。

- src/main/resources/static：静态资源文件目录，如 HTML、CSS 以及图片文件等，在
  浏览器中可直接通过 URL 访问，相当于第 6 章项目中的 WebContent 目录。

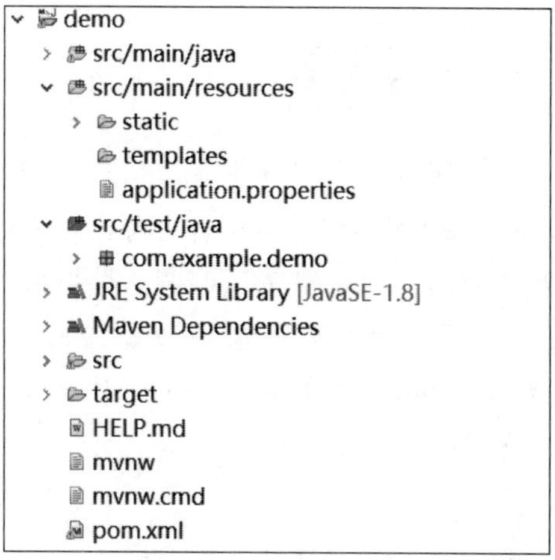

图 7-10　项目结构

- src/main/resources/templates：由 SpringMVC 模板引擎解析的各类网页资源，如
  HTML 模板等。浏览器不可直接访问，相当于第 6 章项目中的 WEB-INF 目录，只
  能通过控制器访问。Spring Boot 放弃了 SpringMVC 的 JSP 解析器，提供了 HTML
  模板解析器，负责对 templates 目录下的 HTML 模板的解析，这属于后端渲染。读
  者如有兴趣，可以研究 HTML 模板语法。static 文件夹与 templates 文件夹下的
  HTML 文件是完全不同的技术体系：前者可以前后端分别开发；后者是与后端总控
  制器绑定的，属于后端渲染的技术。
- application.properties：主配置文件，对全局数据进行配置。
- src/test/java：存放单元测试代码。
- src：workspace 中的内容。
- target：存放 Maven 编译打包后的目标文件。

4. 生产、开发环境项目启动

选中 src/main/java 目录下的 com.example.demo 包中的 DemoApplication.java，右击该
文件，在弹出的快捷菜单中选择 Run as→Java Application 命令，项目启动。若一切正常，在
控制台中，最后一条信息如下：

```
2021-02-07 09:29:42.768   INFO 17388 --- [restartedMain] com.example.demo.
DemoApplication: Started DemoApplication in 4.152 seconds (JVM running for 4.81)
```

说明项目已成功运行。到目前为止，项目搭建成功。

5. 发布与部署

可以用 Maven 的编译、打包工具生成 JAR 文件，并直接通过命令运行项目。

7.2.2　Spring Boot 运行原理

在使用 Servlet 技术体系时,项目的入口并不是 main()方法(该方法主要用于测试)。各个处理器(Servlet)对外暴露的各个接口(如 doGet()或 doPost()方法)则可以视作项目开发和运行的入口,服务器(如 Tomcat)通过对接口的调用获取业务数据。而在 Spring Boot 环境下,main()又成了程序的入口,这就是 Spring Boot 项目被打包成 JAR 文件后可以直接通过命令运行,而不需要部署在 Tomcat 上的原因。实际上,它自动启动了内嵌的 Tomcat,当然,也可以是其他服务器,这可以通过配置来实现。

1. SpringApplication

打开 DemoApplication 源代码,入口程序实际上是调用 SpringApplication 的 run()静态方法,如下所示:

```
package com.example.demo;
import org.springframework.boot.SpringApplication;
import org.springframework.boot.autoconfigure.SpringBootApplication;
@SpringBootApplication
public class DemoApplication {
    public static void main(String[] args) {
        SpringApplication.run(DemoApplication.class, args);
    }
}
```

与第 6 章相比,本项目没有对 Spring、SpringMVC 以及 web.xml 等进行任何配置,而且 application.properties 没有任何内容,可以说是零配置,但项目已具备了开发与运行 Web 项目的基础功能。

2. @SpringBootApplication

要了解 Spring Boot 的运行原理,必须先了解@SpringBootApplication 注解。实际上该注解综合了以下 3 个注解的功能:

(1) @Configuration。

它是 Spring 的注解,实际就是 JavaConfig 形式的 Spring IOC 容器的配置类。也就是说,用@Configuration 注解的 Java 类等同于在 IOC 容器主配置文件中配置的 Bean。实际上,由于该注解执行效率更高(执行代码比读配置文件速度快),Spring Boot 社区推荐使用基于 JavaConfig 的配置形式。例如:

```
@Configuration
public class UserConfiguration{
    //Bean 定义
}
```

完全等同于 XML 文件中的以下配置形式：

```
<bean id="userConfiguration" class=".. UserConfiguration">…
</bean>
```

因此，当启动类用@Configuration 注解了之后，就等同于 IOC 容器（XML 文件）中的配置类。

（2）@ComponentScan。

顾名思义，该注解是组件扫描（包的路径）的意思。该注解在 Spring 中很重要，对应的是 XML 形式的配置文件中的＜context：component-scan＞元素。它的功能就是自动扫描并加载符合条件的组件（如@Controller 和@Services 等）或已定义的其他 Bean，最终将这些 Bean 加载到 IOC 容器中。用户程序可以通过 basePackages 等属性细粒度地指定@ComponentScan 自动扫描的范围；如果不指定扫描范围，则默认 Spring 框架实现会对声明@ComponentScan 所在类的包目录进行扫描。

Spring Boot 的启动类放在包目录下，而且用户程序各层（包括业务层、实体层、控制层及数据库访问层等）的 Java 类也放在包目录下。这样，@ComponentScan 会自动扫描用户代码中用到的各类组件，如图 7-11 所示，包目录为 com.example.demo。

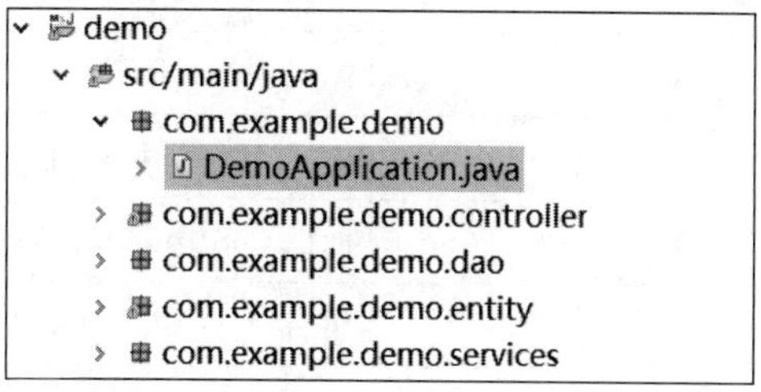

图 7-11　@ComponentScan 自动扫描的组件

（3）@EnableAutoConfiguration。

该注解可借助@Import 将所有符合自动配置条件的 Bean 定义加载到 IOC 容器中，同时，也会根据类路径中的 JAR 依赖关系对项目进行自动配置。例如，Spring Boot 添加了 spring-boot-starter-web 依赖，则会自动添加 Tomcat 和 SpringMVC 依赖，并会对 Tomcat 和 SpringMVC 进行自动配置。

通过对以上 3 个注解的了解，就可以这样理解 SpringApplication.run()方法中的代码内容：

（1）以配置类的方式完成所有项目的配置工作，相当于第 6 章所描述的 web.xml、springmvc-servlet.xml 等文件的配置工作，而且针对 Web 开发做得更多，且更有针对性，包括第 6 章介绍的需要人工配置的各项内容，如 JSON 解析、HttpMessage Converter 接口、文件处理、事务处理以及日志管理等。例如，用户程序可以直接使用@ResponseBody，而无须导入 JSON 处理包，在 springmvc-servlet.xml 文件中增加 HttpMessageConverter 配置等工作。

(2) 根据 Spring Boot 项目的目录结构,自动扫描用户程序的各个包中的业务类,并将它们自动增加到 Spring IOC 容器中。

(3) 自动启动 Tomcat。

至此,读者应该对 Spring Boot 的运行原理有了初步的了解。若要彻底理解其运行原理,需要从其框架及源代码入手。读者若有兴趣,可参考官方技术文档。

7.2.3　Spring Boot 常用注解

实际上,Spring Boot 并没有真正属于自己的注解,它使用的注解绝大部分来自 Spring 与 SpringMVC。从表 7-2 看,只有序号为 1、5 的注解可以算作 Spring Boot 的注解。

注解的用法需要通过实践来掌握,以后会根据实际的应用场景介绍各个注解的用法。

表 7-2　Spring Boot 的常用注解

序号	注解名称	使用位置	作　用
1	@SpringBootApplication	类	标识该类是项目的启动类
2	@Repository	类	标识 DAO 组件
3	@Service	类	标识 Service 层组件
4	@Controller	类	标识 Controller 层组件
5	@RestController	类	相当于@Controller 加上@ResponseBody
6	@Autowired	成员变量、方法、构造器	运行时自动组装对应的组件
7	@RequestBody	成员变量	解析请求中的 JSON 或 XML 数据,放入后台用于接收的 POJO 参数中
8	@ResponseBody	控制器	用于控制器,以特定的格式写入 response 对象的 body 区域,控制器方法将数据返回客户端而不是 SpringMVC 的总控制器,用于异步通信
9	@RequestMapping	类或方法	处理请求地址的映射
10	@GetMapping	方法	Get 请求的 RequestMapping
11	@RequestParam	方法参数	用于方法的参数前,相当于 request.getParameter()
12	@PathVariable	方法参数	RequestMapping 的路径中的变量
13	@Transactional	接口和接口方法、类和类方法	用于类时,该类的所有 public 方法将都具有该类的事务属性
14	@ExceptionHandler (SomeException.class)	方法	用于方法,表示该方法所在类抛出的所有异常都使用该方法处理

@PathVariable 映射 URL 绑定的占位符。带占位符的 URL 是 Spring 3.0 新增的功能,该功能在 SpringMVC 向 REST 目标挺进的发展过程中具有里程碑的意义。REST(Representational State Transfer)即表现状态转化,是目前最流行的一种互联网软件架构,它具有结构清晰、符合标准、易于理解、扩展方便的特点,所以被越来越多的网站采用。URL 中的{xxx}占位符可以通过@PathVariable("xxx")绑定到操作方法的入参中。

例如,以前的前端代码为

```
axios("user/userNameCheck? name="+this.userName)
```

后端代码为

```
@RequestMapping("/checkUserName")
public String checkUserName(String name){        //省略了@RequestParam
    System.out.println("name="+name);
}
```

REST 前端代码为

```
axios("user/userNameCheck/"+ this.userName)
```

后端代码为

```
@RequestMapping("/checkUserName/{name}")
public String checkUserName(@PathVariable("name")String name){
    System.out.println("name="+name);
}
```

进一步,可以绑定多个占位符,例如:

```
@GetMapping("/get/{id}/{userId}")
public getMemberShip(@PathVariable("id") int id,@PathVariable("userId") int
    userId)
```

7.3 重构注册页面

本节将利用 Spring Boot 工具对第 6 章的注册页面进行项目重构。
本节在 7.2 节已构建好的 Spring Boot 项目基础上进行。

1. 建各层的包

在包目录(com.example.demo)中新建各层的包:com.example.demo.controller、com.example.demo.entity 以及 com.example.demo.services,分别代表控制层、实体层及服务层(业务层)。

2. 实体层与业务层

实体层的 User 类、业务层中的 UserManagement 类以及页面与第 6 章完全一样。

3. 注册页面文件 register.html

注册页面基本上与第 6 章一样,但 Spring Boot 不需要 SpringMVC 总控制器的拦截请求配置,也就是前端页面 Ajax 请求时不需要有后缀名(.do)。例如,在 SpringMVC 中:

```
axios("user/userNameCheck.do? name="+this.userName)…
```

而在 Spring Boot 中:

```
axios("user/userNameCheck? name="+this.userName)…
```

另外,在 Spring Boot 项目中,页面文件必须放在 src/main/resources/static 目录下,而不是 templates 目录下,正如 7.2.1 节所述,二者的区别是根本性的。

4. 控制器

在 com.example.demo.controller 包下创建控制器 UserManagementController,代码与第 6 章相同,不同的是采用了@RestController 注解代替@Controller 与@ResponseBody 注解。当然,不要忘记去掉@RequestMapping 中的“.do”。

读者也可以尝试采用@PathVariable 注解。若采用该注解,则应该作以下改变。

前端代码为

```
axios("user/userNameCheck/"+this.userName)…
```

控制器代码如下:

```
@RestController
@RequestMapping("/user")
public class UserManagementController {
    @Autowired
    private UserManagement um;
    @GetMapping ("/userNameCheck/{name}")
    public String checkUserName(@PathVariable("name") String name){
        System.out.println("name="+name);
        …                                    //其他代码
}
```

5. 运行

若一切正常,单击 DemoApplication.java 启动应用后,在浏览器中输入 127.0.0.1:8080/register.html,运行结果与第 6 章相同。

6. 打包发布

以上是生产环境的测试运行。软件生产结束后,需要部署到运行服务器上。Spring

Boot 的打包形式有很多种,包括 WAR、JAR 等。WAR 形式可在 Tomcat 中运行,而 JAR 形式可直接运行,这根据具体需求而定。JAR 打包可以用两种方法实现:其一是通过 DOS 环境,利用表 7-1 所示的 Maven 命令工具实现;其二是通过 IDE 提供的工具实现。以下介绍第二种打包方法。

(1) 一般情况下,IDE(如 Eclipse)的运行环境如图 7-12 所示。在这种情况下,Maven 是不能进行编译工作的,需要改成 JDK 模式。具体办法如图 7-12 所示,选择 JRE System Library[J2SE1.5],单击 Edit 按钮,在 Edit Library 对话框中,选择 Workspace default JRE 单选按钮。注意,打包完成后,需要将该选项改回来。

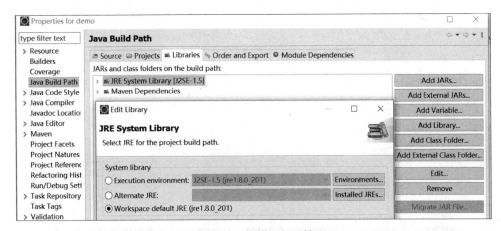

图 7-12　修改运行环境

(2) 修改项目的 pom.xml 文件,在<plugin>元素中增加主类设置,代码如下:

```
<plugin>
    <groupId>org.springframework.boot</groupId>
    <artifactId>spring-boot-maven-plugin</artifactId>
    <configuration>
        <mainClass>com.example.demo.DemoApplication</mainClass>
    </configuration>
</plugin>
```

(3) 清除项目中以前的打包内容。选中项目名,右击,在弹出的快捷菜单中选择 Run As→Maven clean 命令,如图 7-13 所示,执行清除工作。

(4) 清除工作完成后,项目中 target 目录下的内容被清空了(假设原来有内容)。然后,右击项目,在弹出的快捷菜单中选择 Run As→Maven install 命令,执行打包工作。若一切正常,target 目录下就会出现许多内容,包括 demo-0.0.1-SNAPSHOT.jar 文件,用户可以把它复制到桌面上。

(5) 在 Windows 中进入 DOS 环境,执行 java -jar demo-0.0.1-SNAPSHOT.jar 命令,如图 7-14 所示,即可启动应用,在浏览器中输入 127.0.0.1:8080/register.html 运行项目。

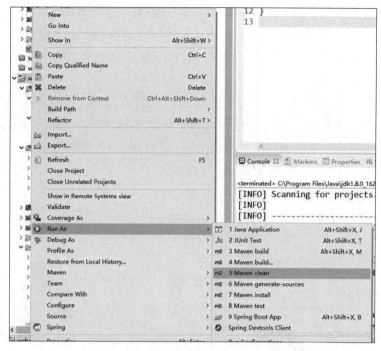

图 7-13　清除项目中以前的打包内容

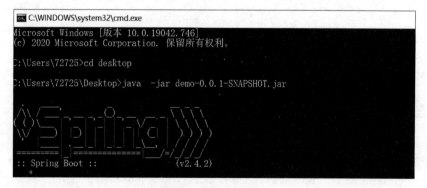

图 7-14　启动应用

7.4　本章小结

Spring Boot 框架实际上集成了 Maven 的功能,综合了 Spring、SpringMVC 等功能,在此基础上,扩展与延伸了 Web 应用开发所需的相关功能。它最大的特点就是自动配置(零配置),或者说是通过入口启动程序实现一键配置。它提供了开发环境、测试环境及打包部署方法,是 Web 项目生产的强大的技术工具。本章通过注册案例的重构,帮助读者加深对上述概念的理解,并初步掌握使用该框架的方法。

第 8 章　JDBC 技术

本章主要介绍 JDBC 技术的基本原理，重点介绍 JDBC 技术体系中的常用接口和类，并通过实例来说明用 JDBC 操作数据库的过程。本章的内容要求读者具有数据库的基本知识，并且熟悉常用的 SQL 语句。

8.1　JDBC 原理概述

8.1.1　JDBC 基本概念

JDBC 的全称为 Java DataBase Connectivity(Java 数据库连接)。它由一组用 Java 语言编写的类和接口组成，是 Java 开发人员和数据库厂商达成的协议，也就是由 Sun 公司定义、由数据库厂商实现的一组接口。JDBC 还规定了 Java 开发人员访问数据库所使用的方法。通过它可访问各类关系数据库。JDBC 是 Java 核心类库的组成部分。

JDBC 最大的特点是它独立于具体的关系数据库。与 ODBC（Open DataBase Connectivity，开放数据库连接）类似，JDBC API 中定义了一些 Java 类和接口，分别用来实现与数据库的连接（connection）、发送 SQL 语句（SQL statement）、获取结果集（result set）和其他数据库对象，使得 Java 程序能方便地与数据库交互并处理查询结果。JDBC 的 API 在 java.sql、javax.sql 等包中。

Java 程序应用 JDBC，一般有以下步骤：

（1）注册加载一个数据库驱动程序。

（2）创建数据库连接。

（3）创建 SQL 语句。

（4）数据库执行 SQL 语句。

（5）用户程序处理执行 SQL 语句的结果（包括结果集）。

(6) 关闭连接等资源。

由于数据库不同,驱动程序的形式和内容也不相同,主要体现在获得连接的方式和相关参数的不同。为了说明问题,本章采用的数据库为 MySQL,测试数据库名为 test,数据库中只有一张表,名为 tb_user,其中 userName 为主键,如图 8-1 所示。

名	类型	长度	小数点	允许空值(	
▶ userName	varchar	255	0	☐	🔑1
passWord	varchar	255	0	☐	
tell	varchar	20	0	☐	

图 8-1 tb_user

8.1.2 JDBC 驱动程序及安装

JDBC 驱动程序是用于特定数据库的一套实现了 JDBC 接口的类集。要通过 JDBC 存取某一数据库,必须有该数据库的 JDBC 驱动程序,它往往是由生产数据库的厂家提供的,是连接 JDBC API 与具体数据库的桥梁。目前,主流的数据库系统(如 Oracle、SQL Server、Sybase、Informix 等)都提供了相应的驱动程序。

用户开发 JDBC 应用系统,首先需要安装数据库的驱动程序。以 MySQL 为例,第一步是下载它的 JDBC 驱动包,可以去官方网站下载。需要注意的是,版本不同,驱动程序也不同。例如,JDBC 5.x 对应的驱动程序是 mysql-connector-java-5.1.34-bin.jar,JDBC 8.x 对应的驱动程序是 mysql-connector-java-8.0.19.jar。第二步,对于普通的 Java 应用,只需要将 JDBC 驱动包复制到 CLASSPATH 指向的目录就可以了,这和普通的 Java 类没什么区别;对于 Web 应用,通常将 JDBC 驱动包放置在 WEB-INF/lib 目录下即可;对于其他数据库,可采用类似方法。

8.1.3 JDBC 应用示例

以下为一个 JDBC 应用的代码:

```
FirstJDBC.java
import java.sql.*;
public class FirstJDBC {
    public static void main(String arg[]){
        String driver="com.mysql.jdbc.Driver"; //JDBC 5.x 的驱动程序名称
        //JDBC 8.x 的驱动程序名称为 com.mysql.cj.jdbc.Driver
        String user="root";
        String pass="123456";
        //指定连接的数据库 URL
        String url="jdbc:mysql://127.0.0.1:3306/test? useUnicode=true&
```

```
            characterEncoding=utf-8";                    //解决中文字符问题
            Connection con=null;
            Statement stmt=null;
            ResultSet rs=null;
            try {
                //加载驱动程序
                Class.forName(driver);
                //通过驱动程序管理器建立与数据库的连接
                con=DriverManager.getConnection(url,user, pass);
                //创建执行查询的 Statement 对象
                stmt=con.createStatement();
                //SQL 语句,用于查询用户表中的信息
                String sql="select * from  tb_user";
                //以上变量定义在 try 块外
                //执行查询,查询结果放在 ResultSet 对象中
                rs=stmt.executeQuery( sql );
                String name,password,tel;
                //打印查询结果
                while(rs.next()){
                    //获得每一行每一列的数据
                    name=rs.getString(1);
                    password=rs.getString(2);
                    tel=rs.getString("tel");
                    System.out.println(name + ", " + password + ", " + tel);
                }
            }
            //找不到驱动程序,捕捉异常。如发生该错误,请检查 JDK 版本是否为 1.1 以上
            catch(ClassNotFoundException e){System.out.println("错误:" + e);}
            catch(SQLException e1){System.out.println("错误:" + e1);}
            finally{
                try{rs.close();stmt.close();con.close();}
                catch(SQLException e){}
            }
        }
}
```

上面的代码清晰地表达了应用 JDBC 技术的基本步骤。需要说明的是:

- 所有与 JDBC 相关的操作代码必须用 try{…}处理。这有两个原因。一方面,JDBC 中绝大多数方法都被定义为抛出 SQLException 异常,该类异常属于必须捕捉的异常,否则无法编译通过;另一方面,如果在一处发生异常,应用程序就没有必要进行下去了。如果连接数据库失败,就没必要产生 Statement 对象的实例了。

- 在 JDBC 应用中,一次数据库会话结束,必须关闭数据库连接资源。该资源是宝贵的,会话期间由用户程序独占,结束后必须释放。

- ResultSet(结果集)对象是一种数据容器,存放着满足 SQL 查询条件的数据库记录。通过 next()方法可以遍历所有记录,通过 getXxx()方法可以得到指定行中的列值。

8.2 JDBC 常用接口和类

在 JDBC 中,定义了许多接口和类,但经常使用的不是很多。以下介绍的是最常用的接口和类。

8.2.1 Driver 接口

Driver 接口在 java.sql 包中定义,每种数据库的驱动程序都提供了一个实现该接口的类,简称 Driver 类,应用程序必须首先加载它,目的就是创建自己的实例并向 java.sql. DriverManager 类注册该实例,以便利用驱动程序管理类(DriverManager)对数据库驱动程序进行管理。

通常情况下,通过 java.lang.Class 类的静态方法 forName(String className)加载要连接的数据库驱动程序类,该方法的入口参数为要加载的数据库驱动程序完整类名。不同驱动程序的完整类名的定义也不一样。例如:

```
Class.forName("com.mysql.jdbc.Driver ")
```

这是 MySQL 的驱动程序的加载方法。而且,如果版本不一样,驱动程序名也会不同。

如果加载成功,系统会将驱动程序注册到 DriverManager 类中;如果加载失败,将抛出 ClassNotFoundException 异常。以下是加载驱动程序的代码:

```
try {
    Class.forName(driverName);                //加载 JDBC 驱动程序
} catch (ClassNotFoundException ex) {
    ex.printStackTrace();
}
```

需要注意的是,加载驱动程序属于单例模式行为,也就是说,在整个数据库应用中,只加载一次驱动程序就可以了。

8.2.2 DriverManager 类

数据库驱动程序加载成功后,接下来就由 DriverManager 类来处理了,所以该类是 JDBC 的管理层,作用于用户和驱动程序之间。它跟踪可用的驱动程序,并在数据库和相应的驱动程序之间建立连接。另外,DriverManager 类也处理驱动程序登录时间、登录管理和消息跟踪等事务。

DriverManager 类的主要作用是管理用户程序与特定数据库(驱动程序)的连接。一般情况下,DriverManager 类可以管理多个数据库驱动程序。当然,对于中小规模应用项目,可能只用到一种数据库。JDBC 允许用户通过调用 DriverManager 类的 getDriver()、getDrivers()和 registerDriver()等方法实现对驱动程序的管理,进一步通过这些方法实现对数据库连接的管理。但在多数情况下,不建议采用上述方法。如果没有特殊要求,对于一般应用项目,建议让 DriverManager 类自动管理。

DriverManager 类用静态方法 getConnection()获得用户与指定数据库的连接。在建立连接的过程中,DriverManager 类将检查注册表中的每个驱动程序,查看它是否可以与数据库建立连接,有时,可能有多个 JDBC 驱动程序可以与指定数据库建立连接。例如,与给定远程数据库建立连接时,可以使用 JDBC-ODBC 桥驱动程序、JDBC 到通用网络协议驱动程序或数据库厂商提供的驱动程序。在这种情况下,加载驱动程序的顺序至关重要,因为 DriverManager 类将使用它找到的第一个可以成功连接到指定数据库的驱动程序。

用 DriverManager 类建立连接主要有两种方法。

第一种方法是

```
static Connection getConnection(String url)
```

url 实际上标识给定数据库(驱动程序),它由 3 部分组成,用冒号分隔。格式为

```
jdbc:子协议名:子名称
```

其中,jdbc 是固定的;子协议名主要用于识别数据库驱动程序,不同的数据库有不同的子协议名,如 MySQL 对应的子协议名为 mysql;子名称属于专门驱动程序,对于 MySQL,指的是数据库名称、服务端口号等信息,例如:

```
//127.0.0.1:3306/ test? useUnicode=true&characterEncoding= "utf-8"
```

test 为数据库名,采用 utf-8 编码是为了解决中文字符问题。

第二种方法是

```
static Connection getConnection(String url, String userName, String password)
```

与第一种方法相比,第二种方法多了数据库服务的登录名和密码。

8.2.3　Connection 接口

Connection 接口代表数据库连接,只有建立了连接,用户程序才能操作数据库。Connection 是 JDBC 中最重要的接口之一,使用频度高,读者必须掌握。

Connection 接口的实例是由驱动程序管理类的静态方法 getConnection()产生的数据库连接实例是宝贵的资源,它在一个会话中是由用户程序独占的,而且需要耗费内存,因此,

每个数据库的最大连接数是受限的。用户程序访问数据库结束后,必须及时关闭连接,以方便其他用户使用该资源。Connection 接口的主要功能是对会话的管理以及获得发送 SQL 语句的运载类实例。以下简要介绍该接口的主要方法。

- close()方法。关闭与数据库的连接。在访问数据库完毕后必须关闭连接,否则连接会保持一段比较长的时间,直到超时。
- commit( )方法。提交对数据库的更改,使更改生效。这个方法只有调用了 setAutoCommit(false)方法后才有效,否则对数据库的更改会自动提交到数据库。
- createStatement()方法。创建一个 Statement 对象,以执行 SQL 语句。
- createStatement(int resultSetType,int resultSetConcurrency)方法。创建一个 Statement 对象,并且产生指定类型的结果集。
- getAutoCommit()方法。为连接对象获取当前提交模式设置。
- getMetaData()方法。获得一个 DatabaseMetaData 对象,其中包含关于数据库的元数据。
- isClosed()方法。判断连接是否关闭。
- prepareStatement(String sql)方法。使用指定的 SQL 语句创建一个预处理语句。SQL 参数中往往包含一个或者多个? 占位符。
- rollback()方法。回滚当前执行的操作。该方法只有调用了 setAutoCommit(false)方法才可以使用。
- setAutoCommit(boolean autoCommit)方法。设置操作是否自动提交到数据库,默认情况下是 true,即自动提交更改。

由于数据库不同,驱动程序的形式和内容也不同,主要体现在获得连接的方式和相关参数不同。因此,在 JDBC 项目中,根据面向对象的设计思想,一般把连接管理功能设计成为一个类——连接管理器类,它主要负责连接的获得和关闭。

以下是连接管理器类 DBConnection.class 的代码:

```
package DAO;
import java.sql.*;
final public class DBConnection {
final private static String url="jdbc:mysql://127.0.0.1:3306/test? useUnicode=
        true& characterEncoding=utf-8";
final private static String user="root";
final private static String pass="123456";
final private static String driverName="com.mysql.jdbc.Driver";
private static Connection connection;
static {
    try {
        Class.forName(driverName);                   //加载 JDBC 驱动程序
        System.out.printf("JDBC1");
        } catch (Exception ex) {
```

```
                ex.printStackTrace();
            }
        }
        public static Connection getConnection(){
            try {
                Connection conn = DriverManager.getConnection(url,user, pass);
                System.out.println("连接数据库成功");
                return conn;
            } catch (SQLException ex) {
                System.out.println("连接数据库失败");
                ex.printStackTrace();
                return null;
            }
        }
        public static void close(Connection conn, Statement stm, ResultSet rs){
            try{
                if (rs!=null)
                    rs.close();
                if(stm!=null)
                    stm.close();
                if (conn!=null){
                    conn.close();
                    System.out.println("数据库连接成功释放");
                }
            } catch (SQLException ex) {}
        }
    }
```

以下为测试代码：

```
public class TestJDBC{
    public static void main(String[] args) {
        Connection con=DBConnection.getConn();
        DBConnection.close(con,null,null);
    }
}
```

控制台打印"连接数据库成功""数据库连接成功释放"的信息，说明 JDBC 连接数据库和释放连接成功。上面的代码主要完成两个操作，首先使用 Class.forName()方法加载驱动程序，接着使用 DriverManager.getConnection()方法与数据库建立连接。由于加载驱动程序在整个应用系统中只有一次，所以采用 static 程序块技术来实现。

8.2.4　Statement、PreparedStatement 和 CallableStatement 接口

Statement、PreparedStatement 和 CallableStatement 这 3 个接口都是用来执行 SQL 语

句的,都由 Connection 接口的相关方法产生,但它们有所不同。Statement 接口用于执行静态 SQL 语句并返回它生成的结果集对象;PreparedStatement 接口表示带 IN 或不带 IN 的预编译 SQL 语句对象,SQL 语句被预编译并存储在 PreparedStatement 对象中;CallableStatement 是用于执行 SQL 存储过程的接口。下面分别介绍这 3 个接口的使用。

1. Statement 接口

因为 Statement 接口没有构造函数,所以不能直接创建一个 Statement 对象。要创建一个 Statement 对象,必须通过 Connection 接口提供的 createStatement()方法进行。其代码片段如下:

```
Statement statement=connection.createStatement();
```

创建了 Statement 对象后,用户程序就可以根据需要调用它的常用方法,如 executeQuery()、executeUpdate()、execute()、executeBatch()等。

1) executeQuery()方法

executeQuery()方法用于执行产生单个结果集的 SQL 语句,如 select 语句,该方法返回一个 ResultSet 对象。其完整的声明如下:

```
ResultSet executeQuery(String sql) throws SQLException
```

下面给出一个实例,使用 executeQuery()方法执行查询 person 表的 SQL 语句,并返回结果集。

```
JDBCTest.java
import DAO.*;
import sql.*;
public class JDBCTest{
    public static void main(String[] args) {
        Connection connection = DBConnection.getConnection();
        Statement statement = null;
        ResultSet resultSet = null;
        try {
            statement = connection.createStatement();
            String sql = "select * from tb_user";
            resultSet = statement.executeQuery(sql);
            while(resultSet.next()){
                System.out.println("name:"+resultSet.getString(1));
                System.out.println("pass:"+resultSet.getString(2));
                System.out.println("tel:"+resultSet.getString(3));
            }
        } catch (SQLException e) {
            e.printStackTrace();
        }finally{
            DBConnection.close(connection, statement, resultSet);
```

```
        }
    }
}
```

在以上代码中，用到了连接管理器类 DBConnection。

2）executeUpdate()方法

executeUpdate()方法执行给定 SQL 语句，该语句可能为 insert、update 或 delete 语句或者不返回任何内容的 SQL 语句（如 SQL 数据描述语言语句）。其完整的声明如下：

```
int executeUpdate(String sql) throws SQLException;
```

对于 SQL 数据操纵语言语句，该方法返回行计数；对于不返回任何内容的 SQL 语句，返回 0。下面给出一个实例，使用 executeUpdate()方法执行 insert 语句。

```
public static void main(String[] args) {
    Connection connection = DBConnection.getConn();
    Statement statement = null;
    ResultSet resultSet = null;
    int rowCount ;
    try {
        statement=connection.createStatement();
        String sql = "insert into tb_user(userName,password,tel) values('tom', '15',
            '123')";
        rowCount = statement.executeUpdate(sql);
        System.out.println("插入所影响的行数为"+rowCount+"行");
    } catch (SQLException e) {
        e.printStackTrace();
    }finally{
        DBConnection.close(connection, statement, resultSet);
    }
}
```

3）execute()方法

execute()方法执行给定的 SQL 语句，该语句可能返回多个结果。在某些（不常见的）情形下，单个 SQL 语句可能返回多个结果集或更新记录数，这一点通常可以忽略，除非正在执行已知可能返回多个结果的存储过程或者动态执行未知的 SQL 语句。一般情况下，execute（）方法执行 SQL 语句并返回第一个结果。然后，用户程序必须使用 getResultSet（）或getUpdateCount（）方法获取结果集或更新计数，使用 getMoreResults（）方法获取后续结果。该方法的完整声明如下：

```
boolean execute(String sql) throws SQLException;
```

execute()是一个通用方法，既可以执行查询语句，也可以执行修改语句。该方法可以用来处理动态的未知的 SQL 语句。下面的实例使用 execute()方法执行一个用户输入的 SQL

语句并返回结果。

```java
public static void main(String[] args) {
    Connection connection = DBConnection.getConn();
    Statement statement = null;
    ResultSet resultSet = null;
    int rowCount;
    boolean isResultSet;
    try {
        statement=connection.createStatement();
        String sql = JOptionPane.showInputDialog("请输入一个 SQL 语句:");
        isResultSet = statement.execute(sql);
        if(isResultSet ){
            resultSet = statement.getResultSet();
            while(resultSet.next()){
                System.out.println("username:"+resultSet.getString(1));
                System.out.println("pass:"+resultSet.getString(2));
                System.out.println("tel:"+resultSet.getString(3));
            }
        }else{
            rowCount = statement.getUpdateCount();
            System.out.println("更新的行数为"+rowCount+"行");
        }
    } catch (SQLException e) {
        e.printStackTrace();
    }finally{
        DBConnection.close(connection, statement, resultSet);
    }
}
```

对于以上代码,读者可以自行编写一个测试类。

4) executeBatch()方法

executeBatch()方法将一批 SQL 命令提交给数据库执行,如果全部 SQL 命令均执行成功,则返回一个整型数组,数组元素的顺序对应于提交的命令的顺序。数组元素的值可能为以下值之一:

- 大于等于 0 的数。指示成功处理了命令,其值为执行命令所影响的行数的更新计数。
- SUCCESS_NO_INFO。指示成功执行了命令,但受影响的行数是未知的。如果有一个命令无法正确执行,该方法抛出 BatchUpdateException,并且 JDBC 驱动程序可能继续处理剩余命令(也可能不执行)。无论如何,JDBC 驱动程序的行为必须与特定的 DBMS 一致,要么始终继续处理命令,要么永远不继续处理命令。
- EXECUTE_FAILED。指示未能成功执行命令,仅当命令失败后,JDBC 驱动程序继续处理命令时出现。

该方法完整的声明如下：

```
int[] executeBatch() throws SQLException
```

对于批处理操作，还有两个辅助方法：一是 addBatch()，向批处理中加入一个更新语句；二是 clearBatch()，清空批处理中的更新语句。

在下面的实例中使用 executeBatch() 方法执行多个 insert 语句向 tb_user 数据表插入多条记录，并显示返回的更新计数数组。

```java
public static void main(String[] args) {
    Connection connection = DBConnection.getConnection();
    Statement statement = null;
    ResultSet resultSet = null;
    int[] rowCount ;
    try {
        connection.setAutoCommit(false);
        statement = connection.createStatement();
        String sql1 = "insert into tb_user(userName,password,tel) values('kobe1',
            '32','123')";
        String sql2 = "insert into tb_user(userName,password,tel) values('kobe2',
            '32','322')";
        String sql3 = "insert into tb_user(userName,password,tel) values('kobe1',
            '32','333')";
        statement.addBatch(sql1);
        statement.addBatch(sql2);
        statement.addBatch(sql3);
        rowCount = statement.executeBatch();
        connection.commit();
        for(int i=0;i<rowCount.length;i++){
            System.out.println("第"+(i+1)+"条语句执行影响的行数为"+rowCount[i]+"行");
        }
    } catch (SQLException e) {
        try{connection.rollback();}catch(SQLException e1){}
        e.printStackTrace();
    }finally{
        DBConnection.close(connection, statement, resultSet);
        try{connection.setAutoCommit(true);}catch(SQLException e1){}
    }
}
```

从运行结果看，数据库的表中一条记录都没有增加，这是因为执行 sql3 时发生异常，导致回滚操作。

2. PreparedStatement 接口

PreparedStatement 是 Statement 的子接口。PreparedStatement 接口的实例中包含已编译的 SQL 语句,所以它的执行速度快于 Statement 接口。PreparedStatement 接口在创建对象时同样需要 Connection 接口提供的 prepareStatement()方法,同时需要以 SQL 语句作为参数。该接口的核心代码如下:

```
Connection connection = DBConnection.getConnection();
String sql = "delete from tb_user where userName = ?";
PreparedStatement pstm = connection.prepareStatement(sql);
```

上面的 SQL 语句中有问号,它是 SQL 语句中的占位符,表示 SQL 语句中的可替换参数,也称作 IN 参数,在执行前必须赋值。因此,与 Statement 接口相比,PreparedStatement 接口还添加了一些设置 IN 参数的方法;同时,execute()、executeQuery()和 executeUpdate()方法也变了,无须再传入 SQL 语句,因为前面已经指定了 SQL 语句。下面给出的是 PreparedStatement 执行 SQL 语句的一个实例:

```
public static void main(String[] args) {
    Connection connection = DBConnection.getConnection();
    PreparedStatement preparedStatement = null;
    ResultSet resultSet = null;
    int isResultSet;
    try {
        String sql = "delete from tb_user where userName = ?";
        preparedStatement=connection.prepareStatement(sql);
        preparedStatement.setString(1, "alex");
        isResultSet = preparedStatement.executeUpdate();
    } catch (SQLException e) {
        e.printStackTrace();
    }finally{
        DBConnection.close(connection, preparedStatement, resultSet);
    }
}
```

从上述例子可见,用 PreparedStatement 代替 Statement 会使代码多出几行。最主要的代码是设置占位符的代码,可以用 preparedStatement.setXxx(index,value)方法实现,其中,index 表示占位符的序号(如 1 表示第一个占位符),value 表示值,setXxx 中的 Xxx 表示占位符的数据类型。例如,preparedStatement.setString(1,"alex")表示设置第一个占位符的值为 alex,数据类型是字符串(String)。为了说明问题,下面再举一个例子进行比较。

```
…
stmt.executeUpdate("insert into tb_user (col1,col2,col3) values
('"+var1+"','"+var2+"',"+var3+",'");          //采用 Statement
//以下采用 prepareStatement
```

```
perstmt = con.prepareStatement("insert into tb_user (col1, col2, col3) values
    (?,?,?)");
perstmt.setString(1,var1);
perstmt.setString(2,var2);
perstmt.setString(3,var3);
perstmt.executeUpdate();
…
```

在上述代码中，第 1、2 行表示用 Statement 实现插入操作，其余行表示用 PreparedStatement 完成同样的工作。使用 PreparedStatement 接口，不但代码的可读性更好，而且在执行效率方面得以提高。

每一种数据库都会对预编译语句进行性能优化。因为预编译语句有可能被重复调用，所以 SQL 语句在被数据库系统的编译器编译后，其执行代码被缓存下来。下次调用时，只要是相同的预编译语句（如插入记录操作），就不需要编译了，只要将参数直接传入已编译的语句，就会得到执行，这个过程类似于函数调用。而对于 statement，即使是相同操作，由于每次操作的数据不同（如插入不同记录），数据库必须重新编译才能执行。需要说明的是，并不是所有预编译语句在任何时候都一定会被缓存，数据库本身会采用一种策略（例如使用频度等因素）来决定什么时候不再缓存已有的预编译结果，以保留更多的空间存储新的预编译语句。

其实，使用 PreparedStatement 接口不但效率高，而且安全性好，可以防止恶意 SQL 注入。例如：

```
String sql = "select * from tb_user where userName= '"+varname+"' and
password='"+varpasswd+"'";
```

以上代码是常用的登录处理 SQL 语句，用户从登录页面输入用户名和密码，应用程序用 varname 和 varpasswd 接收，并查询数据库。若结果集有一条记录（假设用户名不能重复），则表示登录成功。一般情况下，这种处理是没有问题的。但如果恶意用户用下列方法输入用户名和密码，则情形大不同了。

- 用户名：任意取，如 abc。
- 密码：输入 1' or 'vv' = 'vv'。

最终的 SQL 语句成为

```
select * from tb_user where userName= 'abc' and password='1' or 'vv' = 'vv';
```

就可以通过任何验证。当然，有些数据库不允许执行这样的语句，但也有很多数据库可以使这些语句得到执行。而如果使用预编译语句，就不会产生这些问题。因此，建议尽量使用 PreparedStatement 接口。

3. CallableStatement 接口

CallableStatement 是 PreparedStatement 的子接口，用于执行 SQL 存储过程。JDBC 的

API 提供了一个存储过程的 SQL 转义语法,该语法允许对所有 RDBMS 使用标准方式调用存储过程。此转义语法有一个包含结果参数的形式和一个不包含结果参数的形式。如果使用结果参数,则必须将其注册为 OUT 参数。其他参数可用于输入或输出或同时用于二者。参数是根据编号顺序引用的,第一个参数的编号为 1。以下为示例代码:

```
{? = call <procedure-name>[(<arg1>,<arg2>, …)]}
{call <procedure-name>[(<arg1>,<arg2>, …)]}
```

IN 参数值是通过 set 方法(继承自 PreparedStatement)设置的。在执行存储过程之前,必须注册所有 OUT 参数的类型;它们的值是在执行后通过该类提供的 get 方法获取的。CallableStatement 可以返回一个或多个 ResultSet 对象。ResultSet 对象使用继承自 Statement 的相关方法进行处理。为了获得最大的可移植性,ResultSet 对象和更新计数应该在获得 OUT 参数值之前被处理。下面给出的是 CallableStatement 执行 SQL 的一个实例:

```java
public static void main(String[] args) {
    Connection connection = DBConnection.getConn();
    CallableStatement callableStatement = null;
    ResultSet resultSet = null;
    int isResultSet;
    try {
        String sql = "{call addtb_user ('lucas', '30','123')}";
        callableStatement = connection.prepareCall(sql);
        isResultSet = callableStatement.executeUpdate();

    } catch (SQLException e) {
        e.printStackTrace();
    }finally{
        DBConnection.close(connection, callableStatement, resultSet);
    }
}
```

8.3 结果集

Statement 执行一条查询 SQL 语句后,会得到一个 ResultSet 对象,即结果集,它是存放结果的集合。有了结果集,用户程序就可以从中检索所需的数据并进行处理(如用表格显示)。ResultSet 对象具有指向当前数据行的光标。最初,光标被置于第一行之前(beforefirst)。next()方法将光标移动到下一行,该方法的返回类型为 boolean,若 ResultSet 对象没有下一行时返回 false,所以可以用 while 循环遍历结果集。默认的 ResultSet 对象不可更新,仅有一个向后移动的光标。因此,只能遍历它一次,并且只能按从第一行到最后一行的顺序进行。当然,可以生成可滚动和可更新的 ResultSet 对象。另外,结果集与数据库连接是密切相关的,若连接被关闭,则建立在该连接上的结果集被系统回收。一般情况下,一个连接只能产生一个结果集。

1. 默认的 ResultSet 对象

ResultSet 对象可以用 Statement 语句创建,分别需要调用 Connection 接口的方法。以下为这 3 种方法的核心代码:

```
Statement stmt=connection.createStatement();
ResultSet rs=stmt. executeQuery(sql);
PreparedStatement pstmt=connection.prepareStatement(sql);
ResultSet rs=pstmt.executeQuery();
CallableStatement cstmt=connection.prepareCall(sql);
ResultSet rs=cstmt.executeQuery();
```

ResultSet 对象的常用方法主要包括行操作方法和列操作方法,这些方法可以让用户程序方便地遍历结果集中所有数据元素。下面分别说明。

- boolean next()。行操作方法,将游标从当前位置向下移一行,当无下一行时返回 false。游标的初始位置在第一行前面,所以要访问结果集数据,首先要调用该方法。
- getXxx(int columnIndex)。列操作方法,获取所在行指定列的值。Xxx 实际上与列(字段)的数据类型有关。若列为 String 型,则方法为 getString;若列为 int 型,则为 getInt。columnIndex 表示列号,其值从 1 开始编号,例如:第 2 列,则值为 2。
- getXxx(String columnName)。列操作方法,获取所在行指定列的值。columnName 表示列名(字段名)。例如,getString("name")表示得到当前行字段名为 name 的列值。

下面的实例展示了默认的 ResultSet 对象的用法:

```
public static void main(String[] args) {
    Connection connection = DBConnection.getConnection();
    Statement statement = null;
    ResultSet resultSet = null;
    try {
        statement = connection.createStatement();
        String sql = "select * from tb_user";
        resultSet = statement.executeQuery(sql);
        while(resultSet.next()){
            //getXXX(int columnIndex)方法
            System.out.println("name:"+resultSet.getString(1));
            //getXXX(int columnName)方法
            System.out.println("pass:"+resultSet.getString(2));
            System.out.println("tel:"+resultSet.getString(3));
```

```
        }
    } catch (SQLException e) {
        e.printStackTrace();
    }finally{
        DBConnection.close(connection, statement, resultSet);
    }
}
```

2. 可滚动、可修改的 ResultSet 对象

相比默认的 ResultSet 对象,可滚动、可修改的 ResultSet 对象功能更加强大,能够适应用户程序的不同需求。一方面,可滚动的 ResultSet 对象可以使行操作更加方便,可以指向任意行,这对用户程序是很有用的。另一方面,正如上述,结果集是与数据库连接关联的,而且与数据库的表也是关联的,可以通过修改结果集对象达到同步更新数据库的目的,当然,这种用法很少被实际采用。同样,3 种 Statement 接口分别需要调用相应的方法来创建的 ResultSet 对象:

(1) Statement 接口对应 createStatement(int resultSetType,int resultSetConcurrency) 方法。

(2) PrepareStatement 接口对应 prepareStatement(String sql,int resultSetType,int resultSet Concurrency)方法。

(3) CallableStatement 接口对应 prepareCall(String sql,int resultSetType,int resultSetConcurrency)方法。

其中 resultSetType 参数用于指定滚动类型,常用值如下:

- TYPE_FORWARD_ONLY。指示光标只能向前滚动。
- TYPE_SCROLL_INSENSITIVE:指示光标可滚动,但通常不受 ResultSet 所连接的数据更改的影响。
- TYPE_SCROLL_SENSITIVE:指示光标可滚动,并且通常受 ResultSet 所连接的数据更改的影响。

resultSetConcurrency 参数用于指定是否可以修改结果集,常用值如下:

- CONCUR_READ_ONLY:指示不可以更新的并发模式。
- CONCUR_UPDATABLE:指示可以更新的并发模式。

与默认的 ResultSet 对象相比,可滚动、可修改的 ResultSet 对象多了行操作方法和修改结果集列值(字段)的方法。以下分别说明。

boolean absolute(int row)将光标移动到 ResultSet 对象的给定行号。

void afterLast()将光标移动到 ResultSet 对象的末尾,位于最后一行之后。

void beforeFirst()将光标移动到 ResultSet 对象的开头,位于第一行之前。

boolean first()将光标移动到 ResultSet 对象的第一行。

boolean isAfterLast()判断光标是否位于 ResultSet 对象的最后一行之后。

boolean isBeforeFirst()判断光标是否位于 ResultSet 对象的第一行之前。

boolean isFirst()判断光标是否位于 ResultSet 对象的第一行。

boolean isLast()判断光标是否位于 ResultSet 对象的最后一行。

boolean last()将光标移动到 ResultSet 对象的最后一行。

boolean previous()将光标移动到 ResultSet 对象当前行的上一行。

boolean relative(int rows)按相对行数(或正或负)移动光标。

void updateXxx(int columnIndex,Xxx x)系列方法按列号修改当前行中指定列值为 x,其中 x 的类型为方法名中的 Xxx 对应的 Java 数据类型。例如,第 2 列为 int 型,则为 updateInt(2,45)。

void updateXxx(int columnName,Xxx x)系列方法,按列名修改当前行中指定列值为 x,其中 x 的类型为方法名中的 Xxx 对应的 Java 数据类型。

void updateRow()用当前行的新内容更新连接的数据库。

void insertRow()将行插入 ResultSet 对象和数据库中。

void deleteRow()从 ResultSet 行对象和连接的数据库中删除当前行。

void cancelRowUpdates()取消对 ResultSet 对象中的当前行所作的更新。

void moveToCurrentRow()将光标移动到当前行。

void moveToInsertRow()将光标移动到插入的行。

下面的实例展示了可滚动的 ResultSet 对象的用法:

```java
public static void main(String[] args) {
    Connection connection = DBConnection.getConn();
    Statement statement = null;
    ResultSet resultSet = null;
    try {
        statement=connection.createStatement(ResultSet.TYPE_SCROLL_INSENSITIVE,
            ResultSet.CONCUR_READ_ONLY);
        String sql = "select * from tb_user";
        resultSet = statement.executeQuery(sql);
        System.out.println("当前光标是否在第一行之前:"+resultSet.isBeforeFirst());
        System.out.println("按从前往后的顺序显示结果集:");
        while(resultSet.next()){
            String name = resultSet.getString("userName");
            String pass = resultSet.getString("password");
            String tel = resultSet.getString("telephone");
        }
        System.out.println("当前光标是否在最后一行之后:"+resultSet.isAfterLast());
        System.out.println("按从后往前的顺序显示结果集:");
        while(resultSet.previous()){
            String name = resultSet.getString(1);
            String pass= resultSet.getString(2);
```

```
                    String tel= resultSet.getString(3);
                    System.out.println("姓名:"+name+" pass:"+pass+" telephone:"+tel);
                }
            System.out.println("将光标移到第一行");
            resultSet.first();
            System.out.println("光标是否在第一行:"+resultSet.isFirst());
            System.out.println("将光标移到最后一行");
            resultSet.last();
            System.out.println("光标是否在最后一行:"+resultSet.isLast());
            System.out.println("将光标移到到最后一行的前3行");
            resultSet.relative(-3);
            ...
        } catch (SQLException e) {
            e.printStackTrace();
        }finally{
            DBConnection.close(connection, statement, resultSet);
        }
    }
```

8.4　使用 JDBC 元数据

元数据是数据的数据,用于表述数据的属性。在 JDBC 中提供了 3 个关于元数据的接口,分别是 DatabaseMetaData、ResultSetMetaData 和 ParameterMetaData。DatabaseMetaData 接口用于描述数据库的整体信息,通过该接口可以获取用户数据库的表名等属性。ResultSetMetaData 接口用于获取 ResultSet 对象中列的类型和属性信息。ParameterMetaData 接口用于获取 PreparedStatement 对象中每个参数标记的类型和属性信息。

8.4.1　DatabaseMetaData 接口的使用

1. 创建 DatabaseMetaData 对象

DatabaseMetaData 对象的创建需要使用 Connection 接口的 getMetaData()方法,核心代码如下:

```
Connection connection = DBConnection.getConn();
databaseMetaData = connection.getMetaData();
```

2. 常用方法

DatabaseMetaData 接口提供的方法有 150 多个,读者可以查阅相关 Java API 文档。下面的实例展示了 DatabaseMetaData 接口的一些用法。

```java
public static void main(String[] args) {
    Connection connection = DBConnection.getConn();
    Statement statement = null;
    ResultSet  resultSet = null;
    DatabaseMetaData databaseMetaData = null;
    try {
        databaseMetaData = connection.getMetaData();
        System.out.println("登录的 URL:"+databaseMetaData.getURL());
        System.out.println("登录的用户名:"+databaseMetaData.getUserName());
        System.out.println("数据库产品名: "+ databaseMetaData.getDatabaseProductName());
        System.out.println("数据库版本:"+databaseMetaData.getDatabaseProductVersion());
    } catch (Exception e) {
        e.printStackTrace();
    }finally{
        DBConnection.close(connection, statement, resultSet);
    }
}
```

8.4.2　ResultSetMetaData 接口的使用

1. 创建 ResultSetMetaData 对象

ResultSetMetaData 对象的创建需要使用 ResultSet 接口的 getMetaData()方法,核心代码如下:

```java
resultSet = statement.executeQuery(sql);
resultSetMetaData = resultSet.getMetaData();
```

2. 常用方法

ResultSetMetaData 接口的常用方法如下:

- int getColumnCount()返回 ResultSet 对象中的列数。
- String getColumnTypeName(int column)获取指定列的类型名称。
- String getColumnName(int column)获取指定列的名称。

下面的实例展示了 ResultSetMetaData 接口的一些用法:

```java
public static void main(String[] args) {
    Connection connection = DBConnection.getConn();
    Statement statement = null;
    ResultSet resultSet = null;
    ResultSetMetaData resultSetMetaData = null;
    int columnCount;
    try {
        statement = connection.createStatement();
```

```
        String sql = "select * from tb_user";
        resultSet = statement.executeQuery(sql);
        resultSetMetaData = resultSet.getMetaData();
        columnCount = resultSetMetaData.getColumnCount();
        System.out.println("结果集包含的列数为"+columnCount);
        for(int i=1;i<=columnCount;i++){
            System.out.println("第"+i+"列的列名为"+
                resultSetMetaData.getColumnName(i)+","+"类型为"+
                resultSetMetaData.getColumnTypeName(i));
        }
    } catch (SQLException e) {
        e.printStackTrace();
    }finally{
        DBConnection.close(connection, statement, resultSet);
    }
}
```

8.4.3 ParameterMetaData 使用

1. 创建 ParameterMetaData 对象

ParameterMetaData 对象的创建需要使用 PreparedStatement 接口的 getParameterMetaData()
方法,核心代码如下:

```
preparedStatement = connection.prepareStatement(sql);
parameterMetaData = preparedStatement.getParameterMetaData();
```

2. 常用方法

ParameterMetaData 接口的常用方法如下:

- int getParameterCount ( ) 获取 preparedStatement 对象中的参数的数量,
  ParameterMetaData 对象包含了该对象的信息。
- String getParameterTypeName(int param)获取指定参数的类型名称。

下面的实例展示了 ParameterMetaData 接口的一些用法。

```
public static void main(String[] args) {
    Connection connection = DBConnection.getConnection();
    PreparedStatement preparedStatement = null;
    ResultSet resultSet = null;
    ParameterMetaData parameterMetaData = null;
    int parameterCount ;
    try {
        String sql = "delete from tb_user where userName = ? and password= ? ";
        preparedStatement = connection.prepareStatement(sql);
```

```
        parameterMetaData = preparedStatement.getParameterMetaData();
        parameterCount = parameterMetaData.getParameterCount();
        System.out.println("上面的 SQL 语句中共有"+parameterCount+"个参数");
        for(int i=1;i<=parameterCount;i++){
            System.out.println("第"+i+"个参数类型为"+
                parameterMetaData.getParameterTypeName(i));
        }
    } catch (SQLException e) {
        e.printStackTrace();
    }finally{
        DBConnection.close(connection, preparedStatement, resultSet);
    }
}
```

8.5 本章小结

本章详细介绍了 JDBC 的概念及其使用,对 JDBC 的重要接口进行了详细说明及代码演示,使读者对 JDBC 技术有全面了解,为 DAO 层的设计打下扎实的理论基础。

第 9 章　DAO 层与 MyBatis 框架技术

> 本章主要介绍 DAO 层的概念以及 ORM 设计思想,并通过设计与实现一个简易的 ORM 工具加深对 OMR 的理解。在此基础上,引入主流的数据库持久层框架——MyBatis,介绍该框架技术的基本思想与原理,结合 Spring Boot,说明基于 MyBatis 的 DAO 层的具体设计方法。最后,通过案例的介绍,初步学会在 Web 项目中利用框架技术构建数据库持久层的方法。

9.1　DAO 层的基础知识

9.1.1　DAO 简介

Web 项目大都采用 MVC 及多层开发模式。随着 JDBC 技术的应用,Web 项目变得更加立体和丰富了,随之需要处理的技术问题也更多了。显然,JDBC 技术应该属于 M 层范畴,但由于 JDBC 技术相对独立,从软件的可重用性、可维护性出发,应该把 JDBC 技术从业务逻辑层(即 M 层)剥离,单独设立 DAO 层。DAO 的全称为 Data Access Object(数据访问对象)。

在核心 J2EE 模式中,DAO 是指为了建立一个健壮的 J2EE 应用,将所有对数据源的访问操作抽象封装在一个公共 API 中。用程序设计的表述方式就是建立一个接口,在接口中定义此应用程序中将用到的所有事务方法,在这个应用程序中,当需要和数据源进行交互的时候则使用这个接口,并且编写一个单独的类来实现这个接口。需要说明的是,本章介绍的 DAO 层设计只是借鉴了 J2EE 模式的一些思想,并不是完全按照 J2EE 模式要求去设计与实现,对于中小型项目来说,这已足够了。DAO 层设计的主要思想是封装 JDBC,本章介绍的类主要有两种:一是连接管理器,负责连接资源的获得和释放;二是负责具体的数据库常用事务处理的类,包括增、删、改、查等操作。图 9-1 给出了具有 DAO 层

图 9-1　具有 DAO 层的 MVC 架构

的 MVC 架构。

在图 9-1 中,当业务逻辑很简单时,也可不设计业务类(即 M 层),此时,C 层也可以直接调用 DAO 层(只是不建议这样做)。

9.1.2　DAO 层架构

在 JDBC 技术规范中,JDBC 中的所有接口都与具体数据库无关,支持 JDBC 的数据库厂商都提供了实现 JDBC 接口的类,因此,除了一些特殊要求(如特殊的 SQL 语法等)之外,数据库的业务操作和事务处理都与具体数据库无关。把数据库的常用操作和事务处理封装成一个数据库服务类,由项目中的具体业务类调用,这符合软件设计的要求和规范。

在具体设计过程中,有多种思路。一种设计思路是针对每一个数据库表设计一个服务类,例如针对 user 表设计一个实现增、删、改、查等操作的类(DAOUserTable)。这种设计思路有简单、有效且与实体类一一对应等优点,但也存在与数据库的强耦合、可重用性不强等缺点。另一种设计思路是不针对具体的数据库表,目标对象是整个数据库,对数据库进行操作,以 SQL 语句作为业务逻辑层到 DAO 层的参数传递。若应用程序需要返回结果集中的各字段名及数据类型,可用数据库元技术实现。

由于各种框架技术(如 Hibernate、MyBatis)的出现,"一表一服务类"的思想成为主流,所以本章只介绍前一种设计思路。为了说明问题,本章的数据库采用 MySQL,用户数据库的表为 tb_user,DAO 层的架构如图 9-2 所示。

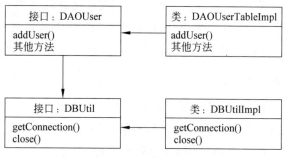

图 9-2　DAO 层的架构

DAO 层架构说明如下:

(1) DBUtil:主要负责对驱动程序、数据源、数据库连接及连接池的管理。

(2) DAOUser:主要负责对用户表的数据库操作。

(3) 其他 DAO 也体现了"一表一服务"的设计思想。

(4) 在 DAO 层中设计了接口。虽然这对于简单实现似乎是多余的,但是对于复杂的系统,面向接口与抽象的编程是必要的,有利于系统的维护和扩展。读者需要记住,接口是不变的,实现的类(对象)可以变化,这由程序选择,甚至可以在系统运行中动态装配所需对象。读者在学习了 Spring 框架后,对此应该有所认识。

9.2　连接池与数据源

9.2.1　连接池技术简介

用户程序利用 JDBC 技术访问数据库时,必须首先建立数据库连接;访问结束后,再释放该连接。而建立连接的过程是比较耗费系统资源的,如果系统访问量过大,会对系统的性能产生明显影响。连接池技术的核心思想是连接复用,即,通过建立一个数据库连接池以及一套连接使用、分配、管理策略,使得该连接池中的连接可以得到高效、安全的复用,避免了数据库连接频繁建立、关闭的开销。JDBC 3.0 规范中提供了一个支持数据库连接池的框架。这个框架定义了一组协议和接口,但没有提供具体实现,可由开发人员根据不同需求自己实现。

实现一个连接池并不复杂,主要包括连接池的初始化、连接分配管理策略的定义和连接池的释放。

1. 连接池的初始化

应用程序中建立的连接池其实是一个静态连接池。所谓静态连接池,是指连接池中的连接在系统初始化时就已分配好,而且不能随意关闭连接。Java 提供了很多容器类,可以方便地构建连接池,如 Vector、Stack 等。可以通过读取连接属性文件 Connections.properties 与数据库实例建立连接。在系统初始化时,根据相应的配置创建连接并放置在连接池中,以便需要时能从连接池中获取,这样就可以避免随意地建立、关闭连接造成的开销。

2. 连接分配管理策略的定义

连接池的连接分配管理策略是连接池机制的核心。当连接池建立后,如何对连接池中的连接进行管理,解决好连接池内连接的分配和释放问题,对系统的性能有很大的影响。连接的合理分配、释放可提高连接的复用率,降低系统建立新连接的开销,同时也可以加快用户的访问速度。下面介绍一种连接分配管理策略。

连接的分配、释放策略有很多,这里介绍一个很有名的设计模式:Reference Counting(引用计数),该模式在复用资源方面有非常广泛的应用。它的基本思想是:为每一个数据库连接保留一个引用计数,用来记录该连接的使用者的个数。下面说明其具体的实现方法。

当用户请求数据库连接时,首先查看连接池中是否有空闲连接(即当前没有分配出去的连接)。如果存在空闲连接,则把连接分配给用户并作相应处理(即标记该连接为正在使用,引用计数加 1);如果没有空闲连接,则查看当前创建的连接数是不是已经达到 maxConn(最大连接数)。如果未达到,就重新创建一个连接给请求的用户;如果达到,就按设定的最大等待时间(maxWaitTime)让用户等待。如果等待 maxWaitTime 后,仍没有空闲连接,系统就抛出无空闲连接异常给用户。

当用户释放数据库连接时,先判断该连接的引用次数是否超过了规定值,如果超过,就删除该连接,并判断当前连接池内总连接数是否小于 minConn(最小连接数)。如果小于该数,就将连接池充满;如果不小于该数,就将该连接标记为开放状态,可供再次使用。可以看出,正是这种策略保证了数据库连接的有效复用,避免了频繁地建立、释放连接所带来的系统资源开销。

3. 连接池的释放

当应用程序退出时,应关闭连接池,此时应把在连接池建立时向数据库申请的所有连接对象统一归还给数据库(即关闭所有数据库连接),这与连接池的建立正好是一个相反的过程。

当有特殊需求时,用户可以开发自己的连接池技术;在更多的情况下,可以直接使用应用服务器(如 Tomcat 等)或框架(如 Spring Boot 等)提供的基于数据源的数据库连接管理服务,用户只需进行适当的参数配置就可以使用连接池技术了。

9.2.2 数据源与 JNDI 技术

1. 数据源技术

数据源是实际数据库的替代品,或者说是实际数据库的一个引用。数据源中并无真正的数据,它仅仅记录用户连接到哪个数据库以及如何连接,一个数据库可以有多个数据源(多个引用),因此,数据源只是连接到实际数据库的一条路径而已,也就是说它仅仅是数据库的连接名称。一个数据源就是一个用来存储数据的工具,它可以是复杂的大型企业级数据库,也可以是简单得只有行和列的文件。数据源可以位于服务器端,也可以位于客户端。

在 Java 语言中,DataSource 对象就是一个代表数据源实体的对象。应用程序可以通过 DriverManager 获得数据库的一个连接。有了数据源技术后,也可以通过 DataSource 对象获得数据库的一个连接。但两者是有区别的,后者更有优势。

使用 DataSource 对象的第一个优势是程序不需要像使用 DriverManager 一样进行硬编码。目前,应用服务器(如 Tomcat)和 Web 开发框架(如 Spring Boot)提供通过配置方式产生数据源对象的途径,并为该数据源对象确定一个逻辑名,然后就可以在 JNDI 中注册该逻辑名(代表数据源对象),客户程序利用 JNDI 技术通过该逻辑名自动找到与这个名称绑定的数据源对象,就可以使用这个数据源对象建立和具体数据库的连接了。由此可见,由于有关实际数据库的信息由配置文件来控制,数据库驱动程序信息不会出现在用户程序中。而且,如果改变实际数据库(如原来用 MySQL,现改为 SQL Server),则保持表示数据源对象的逻辑名不变,只改变配置文件即可,也无须改变客户端代码。因此,数据源技术具有安全好、可重用性、及可移植性好等优点。

使用 DataSource 对象的第二个优势体现在连接池和分布式事务实现方面。这是因为,许多应用服务器和主流框架都提供了针对数据源的连接池的实现,用户不需要再开发了,这大大提高了开发效率。

在 JDBC 2.0 或 JDBC 3.0 中,所有数据库驱动程序提供商都必须提供一个实现了 DataSource 接口的类。需要说明的是,一般情况下,数据源和 JNDI 技术一起使用。

2. JNDI 技术

JNDI 是用于向 Java 程序提供目录和命名功能的 API。它被设计成独立于目录的服务,所以各种各样的目录都可以通过相同的方式访问。

可以简单地把 JNDI 理解为一种将对象和名字绑定的技术。JNDI 的对象工厂负责生产对象,这些对象都和唯一的名字绑定。外部程序可以通过名字来获取对某个对象的引用。

在企业内部网和互联网中,目录服务(directory service)扮演了一个非常重要的角色,它能够在众多的用户、计算机、网络、服务、应用程序中访问各种各样的信息。目录服务提供了一系列命名措施,用人类可以理解的命名方式来刻画各种各样的实体之间的关系。

一个企业式计算环境(computing environment)通常是由若干代表不同部分的命名复合而成的。例如,在一个企业级环境中,DNS(Domain Name System,域名系统)通常被当成顶层的命名方案以区分不同的部门或组织。而这些部门或组织自己又可以使用 LADP 或 NDS 的目录服务。

从用户的角度来看,这些都是由不同的命名方案构成的复合名称。URL 就是一个典型的例子,它由多个命名方案构成。使用目录服务的应用程序必须支持这种复合构成方式。

使用目录服务 API 的 Java 开发人员获得的好处不仅在于 API 独立于特定的目录或命名服务,而且可以通过多层的命名方案无缝访问目录对象。实际上,任何应用程序都可以将自身的对象和特定的命名绑定,这种功能可以使 Java 程序查找和获取任何类型的对象。

终端用户可以方便地使用逻辑名称在网络上查找和识别各种对象。目录服务的开发人员可以使用目录服务 API 方便地在不同的客户端之间切换,而不需要作任何更改。

在 Web 项目开发中,JNDI 技术的主要作用是:通过表征数据源对象的逻辑名称在 JNDI 上的注册信息,利用名字与对象绑定功能找到数据源对象,从而实现对数据库的访问。

9.2.3 连接池与数据源的配置

目前,Web 应用服务器(如 Tomcat)和各类开发框架(如 Spring Boot)都提供了基于数据源的连接池配置。本节只介绍需要配置的基本参数及其作用。常用的连接池的参数设置如下:

- maxActive 指定数据库连接池中处于活动状态的最大连接数,0 表示不受限制。
- maxIdle 指定数据库连接池中处于空闲状态的最大连接数,0 表示不受限制。
- maxWait 指定连接等待的最长时间,超时会抛出异常,−1 表示无限。
- username 指定连接数据库的用户名。

- password 指定连接数据库的口令。
- driverClassName 指定连接数据库的 JDBC 驱动程序。
- url 指定连接数据库的 URL。

9.3　ORM 的概念与实现

9.3.1　ORM 技术

ORM 技术用于实现面向对象编程语言与其他类型的系统(如关系数据库)的数据之间的转换。面向对象是一种软件建模方法,它最大的特点是封装、继承与动态,用于解决软件工程中的耦合、聚合、封装等问题;而关系数据库则是从关系代数理论发展而来的。这两个理论存在显著的差异。为了解决两者不匹配的问题,对象-关系映射技术应运而生。从效果上说,它其实是创建了一个可在编程语言里使用的虚拟对象数据库。也就是说,在面向对象环境中,业务类可以直接用类似 save(User user)的方式来操作数据库,而对于其内部实现,则需要对 JDBC 的进一步封装。目前,众多厂商和开源社区都提供了持久层框架的实现,其中有 Hibernate、IBatis/MyBatis 等。ORM 模型逐步确立了在 Java ORM 架构中的领导地位,甚至取代了复杂而又烦琐的 EJB 模型而成为事实上的 Java ORM 工业标准。

ORM 思想需要解决的核心问题是对象数据与表数据的相互转换,即把 Java 环境下的对象转换为 SQL 中的相应字段,并把数据库查询结果集组装成 Java 对象。

其实前面提到的浏览器 HTML 环境与后台服务器的 Java 环境也存在类似问题,显然,HTML 环境下的 JavaScript 数据(或 JavaScript 对象)与后台 Java 环境下的对象数据大相径庭,最终用 JSON 数据形式统一。

例如,注册业务的实质就是在用户表中增加一条记录,但 3 个不同环境(HTML、Java 服务器、关系数据库)的视角不一样,所以要求的数据形态也不一样。由于系统的核心是业务层,所以前两个环境中的数据形态必须有相应的数据转换接口,如下所示:

HTML 页面(表单数据,String 格式)→ JSON 格式→网络(HTTP,文本串)→ Java 服务器(JSON 字符串转变为 User 类型的对象)→ 业务层执行 save(user)→ DAO 层的 DAOUser 接口的方法 addUser(User u)→ SQL 语句 insert into tb_user(userName,password,tel) values(?,?,?),其中占位符可以用 pst.setString(1, userName)实现。

又如,查询用户信息的实质是从用户表中获取一条记录,返回客户端(HTML)显示,但其过程并不简单,如图 9-3 所示。

由此可知,DAO 层的实质就是把业务层传送过来的对象数据组装成 SQL 语句,把 SQL 语句执行的结果集组装成业务对象返回业务层。

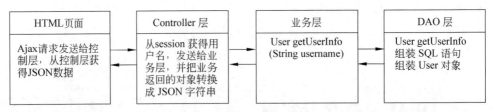

图 9-3 查询用户信息的过程

9.3.2 DAOUser 的设计与实现

对于数据库表的操作,理论上只与对应的表结构相关,但在具体设计过程中还需要考虑具体的业务过程。例如,对于用户表,项目中常用的业务操作为注册、登录、修改个人信息、管理员查询用户及成批用户数据导入等,实际归结为对数据库用户表的 update(注册、修改个人信息、成批用户数据导入)、query(登录、管理员查询用户)等操作。由于各种业务操作要求的返回数据类型及具体实现不一致,所以,在实际设计类的方法(服务功能)时,并不是只设计两个方法——update() 和 query()。例如,对于查询方法,并不是都返回结果集类型,还有更多类型,如返回表中的总记录数(long 型或 int 型)、返回注册成功信息(boolean 型)等。这需要编程者不断总结和完善。下面以 DAOUser 接口设计为例,说明类设计的一般方法与思路。

对 DAOUser 接口的 API 需要根据表结构及业务过程进行综合分析,不同的项目有不同的对策,各种 DAO 框架也有自己的对策。表 9-1 列出的 API 仅供参考。

表 9-1 DAOUser 接口的 API

返回类型	方 法 名	形参说明	说明
long/int	rowCount()	无	获得总记录数,可用于分页处理等
boolean	isExistence(User u)	指定用户	用于查询或登录等业务
boolean	isExistence(String name)	一般是主关键字	用于注册等业务
boolean	isExistence(String name, String pass)		用于登录等业务
List<User>	queryByField(String field)	不是关键字	通过某个字段查询
boolean	addUser(User u)		用于注册等业务
boolean	addByBatch(List<User> list)	用户集合	用于成批处理的业务
boolean	update(User u)		用于个人信息修改
boolean	updateByField(String field)		修改某个字段
boolean	delete(User u)		删除一个用户记录
boolean	delByUserName(String name)	主关键字	根据用户名删除用户记录

续表

返回类型	方　法　名	形参说明	说明
boolean	delByField(String field)		根据字段删除一批记录
boolean	其他,如事务处理方法		

对于 DAOUser 接口的实现类 DAOUserImpl,以下给出部分方法的具体实现:

```java
package com.DAO;
import java.sql.Connection;
import java.sql.PreparedStatement;
import java.sql.ResultSet;
import java.sql.SQLException;
import com.entities.User;
public class UserDAOImpl {
    private Connection conn=null;
    private PreparedStatement pst=null;
    private ResultSet rs=null;
    public User getUserByUserName(String userName){
        User user=null;
        //DBUtil 的设计可以先用第 8 章介绍的方法,暂时不用数据源连接池实现
        DBUtil dbutil=new DBUtilImpl();
        try{
            conn=dbutil.getConnection();
            String sql="SELECT * FROM tb_user WHERE userName=?";
            pst=conn.prepareStatement(sql);
            pst.setString(1, userName);
            rs=pst.executeQuery();
            rs.next();
            user=new User(rs.getString(1),rs.getString(2),rs.getString(3));
        } catch(SQLException e) {
            System.out.println("数据库操作错误");
        } finally {
            dbutil.close(conn, pst, rs);
        }
        return user;
    }
    public boolean isExistence(String userName){
        boolean flag=true;int i=0;
        DBUtil dbutil=new DBUtilImpl();
        conn=dbutil.getConnection();
        if(conn==null) return false;              //没有获取连接
        String sql="SELECT * FROM tb_user WHERE userName=?";
        try {
```

```
            pst=conn.prepareStatement(sql);
            pst.setString(1, userName);
            rs=pst.executeQuery();
            if(!rs.next()) flag=false;
        } catch(SQLException e) {
            e.printStackTrace();
            flag=false;
        } finally {
            DBConnection.close(conn, pst, rs);
        }
        return flag;
    }
    public boolean addUser(User user){
        boolean flag=true;
        DBUtil dbutil=new DBUtilImpl();
        conn=dbutil.getConnection();
        if(conn==null)return false;              //没有获取连接
        String sql="insert into tb_user(userName,password,tel) values(?,?,?)";
        try {
            pst=conn.prepareStatement(sql);
            pst.setString(1,user.getUserName());
            pst.setString(2, user.getPassword());
            pst.setString(3, user.getTel());
            pst.executeUpdate();
            flag=true;
        } catch(SQLException e) {
            e.printStackTrace();
            flag=false;
        } finally {
            dbutil.close(conn, pst, rs);
        }
        return flag;
    }
    public boolean updateUser(User user){
        DBUtil dbutil=new DBUtilImpl();
        conn=dbutil.getConnection();
        boolean flag=false;
        if(conn==null) return false;              //没有获取连接
    String sql="update tb_user set password=?, tel=? where userName=?";
        try{
            pst=conn.prepareStatement(sql);
            pst.setString(1,user.getPassword());
            pst.setString(2,user.getTel());
            pst.setString(3,user.getUserName());
            pst.executeUpdate();
            flag=true;
```

```
        }catch (SQLException e) {
            e.printStackTrace();
        } finally {
            dbutil.close(conn, pst, rs);
        }
        return flag;
    }
    ...                                    //其他方法可自行实现
}
```

综上所述，不难发现，ORM 技术的核心是两点：对于输入，主要处理对象与 SQL 的转换；对于输出，主要处理表结构数据与对象的转换。其实持久层的框架也是基于这个思路。

9.4 MyBatis 框架

至此，读者自己完全可以设计 DAO 层了。但是，如果有现成的 DAO 层，而且功能强大，又何乐而不为呢？

9.4.1 概况

MyBatis 最初是 Apache 的开源项目 IBatis。2010 年，这个项目由 Apache 迁移到谷歌公司，并且改名为 MyBatis。2013 年 11 月，MyBatis 迁移到 Github。它是一个基于 Java 的持久层框架；iBATIS 提供的持久层框架包括 SQL Maps 和 DAO。MyBatis 是一款优秀的持久层框架，它支持自定义 SQL、存储过程以及高级映射，免除了几乎所有的 JDBC 代码以及设置参数和获取结果集的工作。MyBatis 可以通过简单的 XML 或注解将原始类型、接口和 Java POJO 配置和映射为数据库中的记录。

MyBatis 的优点如下：

（1）简单易学。MyBatis 很小且简单。没有任何第三方依赖，只要导入两个 JAR 包并配置几个 SQL 映射文件，易于学习和使用，通过文档和源代码就可以完全掌握它的设计思路和实现。

（2）灵活。MyBatis 不会对应用程序或者数据库的现有设计强加任何影响。SQL 语句写在 XML 文件中或直接使用注解，便于统一管理和优化。用户程序只负责提供 SQL 语句，基本上可以实现数据访问的所有功能。

（3）解除了 SQL 语句与程序代码的耦合。通过提供 DAO 层，将业务逻辑和数据访问逻辑分离，使系统的设计更清晰，更便于维护，更容易执行单元测试。而且，由于 SQL 语句和代码分离，从而提高了可维护性。

（4）提供了 Java 对象与关系数据库表的映射标签。一方面，支持对象与数据库表的

ORM 字段关系映射,从而支持对象属性名与对应的数据库表字段名灵活匹配,当然,在可能的情况下,在用户项目中二者应保持一致,这与命名的一致性相关,可省去不必要的麻烦。另一方面,数据库与 Java 对象是两个不同的数据环境,其数据类型也不一样,MyBatis 支持二者之间的数据类型映射。

(5) 提供了 XML 标签,支持编写动态 SQL 语句。

MyBatis 的缺点如下:

(1) 编写 SQL 语句的工作量很大,尤其是字段多、关联表多时更是如此。

(2) SQL 语句依赖于数据库,导致数据库移植性差。

(3) 二级缓存机制不佳。

9.4.2 工作原理

结合 JDBC 来理解 MyBatis 的工作原理才能更透彻。根据第 8 章的介绍,JDBC 有 4 个核心对象:

(1) DriverManager,用于注册数据库连接,包括驱动程序管理等。

(2) Connection,数据库连接对象。

(3) Statement/PreparedStatement,操作数据库 SQL 语句的对象。

(4) ResultSet,结果集。

MyBatis 也有 4 个核心对象:

(1) SqlSession 对象,类似于 JDBC 的 Connection。

(2) Executor 对象,它利用 SqlSession 传递的参数动态地生成需要执行的 SQL 语句,同时负责查询缓存的维护,类似于 JDBC 的 Statement/PreparedStatement。

(3) MappedStatement 对象,该对象是对要映射的 SQL 语句的封装,用于存储要映射的 SQL 语句的 id、参数等信息。

(4) ResultHandler 对象,用于对返回的结果进行处理,最终得到用户程序需要的数据格式或类型。可以自定义返回类型,类似于对象组装器。

MyBatis 的内部核心流程如下:

(1) 读取 MyBatis 的配置文件。mybatis-config.xml 为 MyBatis 的全局配置文件,用于配置数据库连接信息,包括数据源连接池等信息。

(2) 加载映射文件,即 SQL 的 mapper 文件,该文件中配置了操作数据库的 SQL 语句,需要在 MyBatis 配置文件 mybatis-config.xml 中加载。mybatis-config.xml 文件可以加载多个映射文件,一般情况下,每个映射文件对应数据库中的一张表,其中有多个 SQL 映射标签。也可以用注解方法替换映射文件。

(3) 构建会话工厂(SqlSessionFactory)。通过 MyBatis 的环境配置信息构建会话工厂。

(4) 创建会话对象。由会话工厂创建 SqlSession 对象,该对象中包含了执行 SQL 语句的所有方法。

（5）启动 Executor（执行器）。MyBatis 底层定义了 Executor 接口来操作数据库，它根据 SqlSession 传递的参数动态地生成需要执行的 SQL 语句，同时负责查询缓存的维护。

（6）创建 MappedStatement 对象。在 Executor 接口的执行方法中有一个 MappedStatement 类型的参数，该参数是对映射信息的封装，用于存储要映射的 SQL 语句的 id、参数等信息。

（7）输入参数映射。输入参数类型可以是 Map、List 等集合类型，也可以是基本数据类型和 POJO 类型。输入参数映射过程类似于 JDBC 对 PreparedStatement 对象设置参数的过程。

（8）输出结果映射。输出结果类型可以是 Map、List 等集合类型，也可以是基本数据类型和 POJO 类型。输出结果映射过程类似于 JDBC 对结果集的解析与对象组装过程。

上述流程如图 9-4 所示。

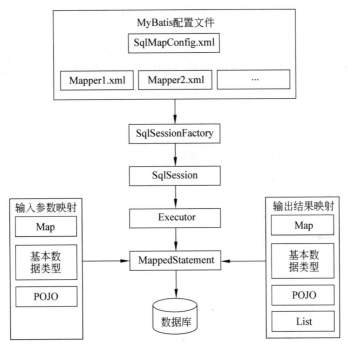

图 9-4　MyBatis 内部核心流程

9.5　Spring Boot＋MyBatis

9.5.1　项目准备

在 Spring Boot 环境下使用 MyBatis 框架及数据库的方法有以下两种：

（1）按照第 7 章 Spring Boot 项目的构建方法，在增加项目依赖包时，在原有基础上增加数据库及 MyBatis 依赖包，如图 9-5 所示。

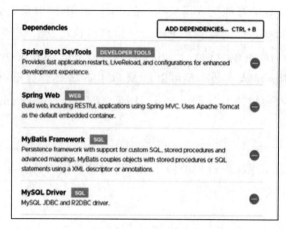

图 9-5　增加数据库及 MyBatis 依赖包

（2）在已构建好的 Spring Boot 项目上，利用 Maven 工具在 pom.xml 文件中增加以下依赖代码：

```
<dependency>
    <groupId>org.mybatis.spring.boot</groupId>
    <artifactId>mybatis-spring-boot-starter</artifactId>
    <version>x.x.x</version>
</dependency>
<dependency>
    <groupId>mysql</groupId>
    <artifactId>mysql-connector-java</artifactId>
    <version>x.x.x </version>
    <scope>runtime</scope>
</dependency><dependency>
```

特别提醒：如果不指定 MyBatis 和 MySQL 版本，即＜version＞x.x.x＜/version＞元素，则表示采用 Spring Boot 默认的版本（一般是最新的版本）；如果数据库采用老版本，如 MySQL 5.x.x 版本，则必须加上该元素，因为 Spring Boot 会根据版本自动增加相应的包（如驱动程序）。

另外，无论采用何种方法，都要修改应用程序的属性文件（application.properties），写入的内容与数据源连接池有关。

例如，若数据库采用 MySQL 8.x，则数据源配置如下：

```
spring.datasource.url="jdbc:mysql://localhost:3306/test?useUnicode=true&
characterEncoding=UTF-8&userSSL=false&serverTimezone=GMT%2B8"
spring.datasource.username=root
```

```
spring.datasource.password=123456
spring.datasource.driver-class-name=com.mysql.cj.jdbc.Driver
```

另外,Spring Boot 提供了对数据源的连接池功能的支持,并给出了默认的参数设置,包括最大空闲数等,若非商业开发,则不必改变。如果用户不想使用系统提供的连接池功能,或采用其他公司的产品,如阿里的 druid,则需要相关的连接池参数配置,并且在 pom.xml 文件中增加关于 druid 的依赖包说明。

在 Spring Boot 环境下,与 MyBatis 相关的其他基础配置文件就不需要了。

9.5.2 DAO 层设计

在 Spring Boot 环境下,基于 MyBatis 的 DAO 层设计被简化了,许多工作都由系统代劳了,用户可以把重点放在业务逻辑的设计与实现上,这大大提高了软件生产的效率。

具体 DAO 设计有两种方法:一是通过 mapper.xml 配置文件实现;二是通过@Mapper 注解实现。这两种方法各有特点,本节介绍的是第二种方法。

@Mapper 注解的功能与 Spring 提供的@Repository 注解类似,用于声明数据库访问的 Bean,其内部通过动态代理方式实现动态注入。具体使用很简单,假设数据库表是 tb_user,只要把 DAO 层的表服务接口用@Mapper 进行注解即可。具体说明如下:

(1) 在项目启动程序所在的包(com.example.demo)下新建 com.example.demo.dao 包。

(2) 在 dao 包内新建 DAO 层的接口,假设取名为 DAOUserTable,并用@Mapper 对该接口进行注解。在该接口中增加 addUser 方法,并把该方法用@Insert 进行注解,代码如下:

```
package com.example.demo.dao;
import java.util.List;
import org.apache.ibatis.annotations.Insert;
import org.apache.ibatis.annotations.Mapper;
import org.apache.ibatis.annotations.Select;
import com.example.demo.entity.User;
@Mapper
public interface DAOUserTable {
    @Insert("insert into tb_user(userName,passWord,tel) values (#{userName},
    #{passWord},#{tel})")
    public boolean addUser(User u);
}
```

到此,就完成了关于用户表(tb_user)的 DAO 层的一个方法设计,请读者对比本章前面介绍过的 DAO 层,会发现,采用 MyBatis 框架后,DAO 层中的方法没有任何代码了,包括数据库连接、SQL 组装、对象组装等代码均由系统自动完成了。基于 MyBatis 框架的 DAO 层设计对用户呈现的接口虽然简单,但是,有些概念还是需要读者进一步理解。

（1）MyBatis 提供的 SQL 注解（如@Insert）其实与 SQL 语句十分相似，后者为

```
sql="insert into tb_user(userName,password,tel) values(?,?,?)"
```

不难发现，注解只是用"#{ userName }"表达式代替了占位符，实际上是把方法参数（User u）中的 userName 属性传递给占位符了。根据 MyBatis 的工作原理，由 MappedStatement 对象完成此项工作，即输入映射工作。需要再次强调，user 对象的属性与 tb_user 表的字段名应一致（包括类型）。若不一致，则需要通过 MyBatis 的@Result 注解进行说明，例如：

```
@Result (property ="name",column = "username")
```

（2）#{ }与${ }两种表达式的区别是底层 JDBC 实现采用的是 PreparedStatement 还是 Statement。建议尽量采用#{ }表达式，因为它不会发生 SQL 注入。

（3）addUser(User u)方法返回的数据是 boolean 型。根据前面对 JDBC 的介绍，插入操作返回的是整型数据。若自己设计 DAO 层方法，这不是问题；但若让框架自动实现，就需要做大量额外的工作，这当然要由 MyBatis 的 ResultHandler 对象完成，因此，较高版本的 MyBatis 才支持 boolean 型。

（4）采用 MyBatis 的@Select 注解时，方法是不能返回 boolean 型。这很好理解，因为对于 select 相关的 SQL 语句，JDBC 返回的是结果集数据，可以是 null 值，不能是 boolean 型的值。但实际上用户程序的业务方面有这样的需求。例如，注册时需要判断用户名是否可用：

```
boolean isExistence(String name)
```

显然 SQL 语句为：

```
"SELECT * FROM tb_user WHERE userName=?"
```

总结第（3）、（4）条，在基于 MyBatis 的 DAO 层设计中，方法的返回类型与 SQL 注解相关性较大，并不是任意的，具体返回类型的限制见 9.5.3 节内容。这一点不如自己设计的 DAO 层，希望读者注意。

（5）用户只需要设计 DAO 层接口就行，接口的实现类由 MyBatis 框架自动实现。

当完成 DAO 层设计后，可以使用 Spring IOC 方法在业务层调用注入，也可以在其他层（如控制层，但不建议这样做）注入，没有难度。下面以业务层调用注入为例说明这一点。

首先创建 com.example.demo.services 包，在包内新建业务类 UserManagement，代码如下：

```
package com.example.demo.services;
import org.springframework.beans.factory.annotation.Autowired;
import org.springframework.stereotype.Service;
import com.example.demo.dao.DAOUserTable;
```

```
import com.example.demo.entity.User;
@Service
public class UserManagement {
    @Autowired(required=false)
    private DAOUserTable dao;
    public boolean addUser(User u) {
        if(dao.addUser(u)) return true;
        else return false;
    }
}
```

读者已经知道 Spring IOC 的@Autowired 注解的用法了,但需要注意的是 required＝false,这是因为 DAOUserTable 是接口,可以有多个实现类,也可以没有实现类,IOC 容器扫描到需要注入的 Bean 时的策略是有 Bean 就注入,而强行注入就会报错,这里采取的解决办法就是@Autowired(required＝false)。

9.5.3　MyBatis 的常用注解

MyBatis 注解主要作用于 SQL 语句和输入输出方面。以 tb_user 为例,MyBatis 的常用 SQL 注解和其他注解如表 9-2 和表 9-3 所示。

表 9-2　MyBatis 的常用 SQL 注解

注解	返回值类型	对应 SQL 语句	备注
@Insert	integer(int)、long 和 boolean	INSERT INTO tb_user(column1, column2, column3,…) values(value1,value2,value3,…)	
@Select	integer(int)、long 和自定义类型	select * from table_name	返回值不能为 Boolean 型
@Update	integer(int)、long 和 boolean	update tb_user set column1＝value1, column2＝value2,.. where some_column＝some_value	
@Delete	integer(int)、long 和 boolean	delete from tb_user where some_column＝some_value	

表 9-3　MyBatis 其他注解

注解	作用	参数	备注
@SelectKey	返回新插入记录的 id	statement 为要执行的 SQL 字符串数组; keyProperty 为要更新的参数对象的属性值; before 为 true 或 false,以指明 SQL 语句应在插入语句的之前还是之后执行 resultType 为 keyProperty 的 Java 类型	在 MySQL 等支持自动增长类型的数据库中,order 需要设置为 after 才会取得正确的值

续表

注解	作　用	参　数	备注
@Result	在实体类属性名和数据库表的字段名不一致时,可以手动建立对应的映射关系	column 为数据库字段名;porperty 为实体类属性名;jdbcType 为数据库字段数据类型;id 为是否为主键	在 @Results 中使用
@Results	设置结果集合	@Result	
@Param	给参数命名,以解决方法参数和 SQL 参数不匹配的问题	字符串	在不使用@Param 的情况下使用 ${} 会报错
@ResultMap	当一段 @Results 代码需要在多个方法中用到时,可以为这个 @Results 注解设置 id,使用@ResultMap 注解复用这段代码	value 为要复用的@Results 注解的 id	
@One	以查询到的一个字段值作为参数,执行另一个方法来查询与之关联的内容	select 为要调用的 mapper 文件,是一个键值对	需要一对一关系,外键为主键
@Many	同@One	select 为要调用的 mapper 文件,是多个键值对	需要一对多关系

下面给出实际使用场景举例。

(1) 使用@Results 注解。

当数据库字段名与实体类对应的属性名不一致时,可以使用@Results 映射将其对应起来。column 为数据库字段名,porperty 为实体类属性名,jdbcType 为数据库字段数据类型,id 为是否为主键。

```
@Select("select name, pass,tel from tb_user")
@Results({
@Result(column="name", property="userName", jdbcType=JdbcType.INTEGER),
@Result(column="pass ", property="passWord", jdbcType=JdbcType.INTEGER)
})
List<User > selectAll();
```

该方法以 List 返回所有的用户信息。假设 tb_user 的相关字段名为 name 和 pass,上面的数据库字段名与实体类属性名就通过这种方式建立了映射关系。两者名字相同的,则不需要加该注解。

(2) 使用@Param 注解。

DAO 层方法的输入参数映射见图 9-4。若是实体对象(如 User 或 Map),则通过对象的属性名与表的字段名匹配注入 SQL 语句;若只是单个基本数据参数,则一一对应注入 SQL 语句;若是多个基本数据,则需要用@Param 注解说明方法中的形参与 SQL 中的变量位置的关系,或在#{}注解中注明顺序号(0,1,2,…)。

例如在登录时,可用顺序号,也可用@Param注解:

```
@Select("select * from tb_user where useName=#{0} and password=#{1}")
User getUserByNameAandPass(String name, String pass);
```

若没有@Param,可用0,1,2,…表示形参传入的顺序号,但这种用法与MyBatis的版本相关,所以不建议读者使用。建议采用以下方法:

```
@Select("select * from tb_user where useName=#{name} and password=#{pass}")
User getUserByNameAandPass(@Param("name") String st1, @Param("pass") String
str2);
```

传入SQL语句的就是必须是@Param注解中的值。而且在有注解时,不能用#{0}、#{1}等表达式说明顺序。使用@Param注解声明参数时,采用#{}或${}的方式都可以;不使用@Param注解声明参数时,必须采用#{}的方式。

9.5.4 基于MyBatis的DAO层异常处理

用户自己设计的DAO层,由于使用JDBC API,可以在DAO层的方法体内采用try-catch设计异常处理(见9.3节),也可以让DAO层的方法声明抛出java.sql.SQLException异常,交给上一层——业务层处理,或者交给控制层处理,具体策略完全由用户自己决定。但有一点是明确的,若不进行异常处理,则编译不能通过。

在基于MyBatis的DAO层设计中,框架只提供接口,实现类由系统自动实现,那么框架是如何处理异常的呢? 由于Spring的JDBC模块为用户提供了一套异常处理机制,这个机制的基类是DataAccessException,它是RuntimeException的子类,因此不需要显式捕捉异常。MyBatis与Spring的JDBC模块兼容,Mapper层实际上也是DataAccessObject对象,异常自然也是DataAccessException类型了,因此,MyBatis的DAO方法也不需要显式捕捉异常。

一般情况下,DAO层异常可与事务处理、日志相结合进行处理,也就是说,DAO层与业务层都不处理异常。若要处理,最简单、直接的方法是让相关业务方法声明抛出异常,最后结合事务和日志,由控制层处理异常。

9.5.5 事务处理@Transactional注解

事务处理的概念在第8章已介绍过了。事务处理具有4大特性,即Atomicity(原子性)、Consistency(一致性)、Isolation(隔离性)和Durability(持久性),缩写为ACID。其意义表述如下:

(1)原子性。事务是最基本的操作单元,要么全部成功,要么全部失败,不会结束在中间某个环节。事务如果在执行过程中发生错误，会被回滚到事务开始前的状态，就像这个事务从来没有执行过一样。

（2）一致性。指在一个事务执行之前和执行之后数据库都必须处于一致的状态。如果事务成功地完成，那么系统中所有变化将正确地保持下来，系统处于有效状态；如果在事务中出现错误，那么系统中的所有变化将自动回滚，系统返回原始状态。

（3）隔离性。指在并发环境中，当不同的事务同时操纵相同的数据时，每个事务都有自己的完整数据空间。由一个并发事务所做的修改必须与任何其他并发事务所做的修改隔离。事务查看数据更新时，数据所处的状态要么是另一事务修改它之前的状态，要么是另一事务修改它之后的状态，事务不会查看到中间状态的数据。

（4）持久性。指的是只要事务成功结束，它对数据库所做的更新就必须永久保存下来。即使发生系统崩溃，重新启动数据库系统后，数据库也能恢复到事务成功结束时的状态。

Spring事务管理分为编程式和声明式两种方式。编程式事务管理指的是通过编码方式实现事务，声明式事务管理基于 AOP，将具体业务逻辑与事务处理解耦。声明式事务管理使业务代码逻辑不受污染，因此在实际使用中，声明式事务管理用得比较多。声明式事务管理的实现有两种方式：一种是在配置文件（XML）中进行相关的事务规则声明，另一种是基于@Transactional 注解的方式。本节介绍后一种方式。先介绍相关的基本概念。

1. checked 异常和 unchecked 异常

之所以先介绍 checked 异常和 unchecked 异常的概念，是因为 Spring 使用声明式事务管理。默认情况下，只有当代码中发生 unchecked 异常时，数据库才执行回滚操作，撤销以前所有数据库操作；如果发生的是 checked 异常，数据库就不会执行回滚操作。

unchecked 异常，顾名思义，是指 Java 代码不需要检测的异常，是 RuntimeException 的子类，也就是实时运行异常，表示程序的逻辑错误，例如 IllegalArgumentException、NullPointerException 等异常。代码无须用 try-catch 块显式地捕获 unchecked 异常并处理，也能通过编译。

checked 异常是必须检测的异常，如文件不存在、网络或者数据库链接出错等异常。Java 代码必须用 try-catch 块显式地捕获 checked 异常，否则编译不能通过。如果让 checked 异常也执行回滚操作，需要另想办法，最简单的办法就是设置 rollbackFor 属性值：

```
@Transactional(rollbackFor=Exception.class)
```

@Transactional 的属性有很多，都是可选项，主要包括事务的传播性、隔离级别、指定数据库回滚操作的异常类型等，读者可以参考相关资料。

2. 事务处理注意事项

Spring 团队建议，在具体的类（或类的方法）上使用@Transactional 注解时，最好不要标识于接口上。若该注解用于标识类，则类中所有方法都具有事务处理的功能；若该注解用于标识类内的方法，则该方法通常是用 public 修饰的方法。

事务处理过程应尽量简单。尤其是带锁的事务方法,最好不放在事务中。可以将常规的数据库查询操作放在事务前面进行,而在事务内进行增、删、改、加锁查询等操作。

请读者注意,MySQL 有两种存储引擎,分别是 InnoDB 和 MyISAM,其中 InnoDB 支持事务,而 MyISAM 不支持事务。数据库中的存储引擎其实是对使用了该引擎的表进行的某种设置。数据库中的表设定了不同的存储引擎,那么该表在数据存储方式、数据更新方式、数据查询性能以及是否支持索引等方面就会有不同的效果。

要特别注意的是,在被@Transactional 标识的业务方法体中,不允许有类似 try-catch 块的异常处理结构。这是因为,如果代码中有显式的异常处理,系统会认为代码已经把异常处理好了,不需要回滚操作了。但是,如果没有异常处理机制,真的发生了异常,虽然回滚操作执行了,但是系统也崩了。解决办法是让方法体声明抛出异常(或不声明),让调用者处理。例如:

```
@Transactional
public void methodA() throws 异常 1,异常 2,…{
    操作 1
    操作 2
    …
}
```

当操作 2 发生异常时,数据库执行回滚操作,操作 1 被还原。务必注意,不能用 try-catch 块对操作 1、操作 2 进行异常捕获与处理,否则事务处理无效。

9.6　案例——具有事务处理功能的注册页面

本节对第 7 章的注册页面进行重构与扩展。页面功能还是两个:用户名检测与注册功能。但是本节要给注册业务增加事务处理功能,即,注册成功后,需要同时在数据库的登录表和用户信息表中增加相关记录。如果在数据库操作中,向用户信息表插入记录成功,而向登录表插入记录失败,则需要执行回滚操作,即恢复户信息表中插入记录之前的数据。

首先,按 9.5.1 节的方法建立项目,并在应用程序的配置文件中完成必要的配置。然后,在 Spring Boot 启动程序所在的包下建立项目要求的各类包,包括业务层、DAO 层、实体层及控制层。项目结构如图 9-6 所示。

```
demo
  src/main/java
    com.example.demo
      DemoApplication.java
    com.example.demo.controller
      HelloController.java
      UserManagementController.java
    com.example.demo.dao
      DAOUserTable.java
    com.example.demo.entity
      User.java
    com.example.demo.services
      UserManagement.java
        UserManagement
  src/main/resources
```

图 9-6　项目结构

9.6.1 页面设计

前端页面大部分内容与第 7 章介绍的相同。为了说明问题，这里作了一些改变。
register.html 代码如下：

```
<!DOCTYPE HTML PUBLIC "-//W3C//DTD HTML 4.0 Transitional//EN">
<html><head>
    <title>事务处理的注册页面</title>
    <meta http-equiv="Content-Type" content="text/html; charset=utf-8" />
    <script src="JS/vue.js"></script>
    <script src="JS/axios.min.js"></script>
</head>
<body >
    <h1>注册页面</h1>
    <div id="app">
    <form @submit.prevent="onSubmit" method="post">
    <br>用户名:<input type="text" @blur="checkUserName" v-model="userName" />
    <span >{{promptNameMess}}</span>
    <br>密码:<input type="password" v-model="passWord"/>
    <br>联系电话:<input type="text" v-model="tel"/>
    <br><input type="submit" value="提交"/>
    <input type="reset" value="重置"  name="reset" id="reset"/>
    <br><span>{{registerMess}}</span>
    </form>
    </div>
    <script type="text/javascript">
    var vm=new Vue({
        el: '#app',
        data: {userName: "", passWord: "",tel: "", promptNameMess: "", registerMess: ""},
            methods:{
                checkUserName:function(){
                    self=this;
                    axios("user/userNameCheck/"+this.userName)
                    .then(function(response){
                        if(response.data=="ok") self.promptNameMess="用户名可用";
                        else self.promptNameMess="用户名不合法或已被注册";})
                        .catch(function(error){alert("error");});
                    },
                onSubmit:function(){
                    var self=this;                 //回调函数中无法获得 this
                    axios({url:"user/register",method:"post",
                    data:{userName:this.userName,passWord:this.passWord,tel:this.tel}})
                    .then(function(response){
```

```
                    if(response.data=="ok") self.registerMess="注册成功";
                    else self.registerMess="注册失败";}).catch(function(error){});
                }
            }
        });
        </script>
        </body>
    </html>
```

9.6.2　各层设计

1. DAO 层设计

先进行数据库表设计。在原有的 tb_user 基础上,新建登录表 tb_userlogin,字段为
userName 和 passWord,其中 userName 为外键。因为本案例涉及两张表,按“一表一服务”
原则,设计两个 DAO 接口,分别是 DAOUserTable 和 DAOUserLogin,后者用于 tb_
userlogin。

在 DAO 层设计中,首先配置数据源。打开 src/main/resources 下的 application.properties
文件,按 9.5.1 节描述的方法增加数据源相关内容。下面给出 DAO 层的两个接口设计。

接口 DAOUserTable 代码如下:

```
package com.example.demo.dao;
import java.util.List;
import org.apache.ibatis.annotations.Insert;
import org.apache.ibatis.annotations.Mapper;
import org.apache.ibatis.annotations.Select;
import com.example.demo.entity.User;
@Mapper
public interface DAOUserTable {
    //String sql="insert into tb_user(userName,password,tel) values(?,?,?)";
    @Insert("insert into tb_user(userName,passWord,tel) values (#{userName},
    #{passWord}, #{tel})")
    public boolean addUser(User u);
    //String sql="select * from tb_user where userName=?";
    @Select("select * from tb_user where userName=#{name}")
    public User isExistence(String userName);
    //只设计两个方法
}
```

接口 DAOUserLogin 的核心代码如下:

```
package com.example.demo.dao;
...                                      //此处省略 import 代码
```

```java
@Mapper
public interface DAOUserLogin {
    @Insert("insert into tb_userlogin(userName,passWord) values
    (#{name},#{pass})")
    public boolean addUserLogin(@Param("name") String name,
    @Param("pass") String pass);
}
```

2. 业务层设计

事务处理的核心是业务层设计。注意,addUser、addUserLogin 以及 register 3 个方法都被设计为 throws Exception,也就说是在方法内不处理异常,而由调用者处理。

```java
package com.example.demo.services;
import org.springframework.beans.factory.annotation.Autowired;
import org.springframework.stereotype.Service;
import org.springframework.transaction.annotation.Transactional;
import com.example.demo.dao.DAOUserTable;
import com.example.demo.dao.DAOUserLogin;
import com.example.demo.entity.User;
@Service
public class UserManagement {
    @Autowired(required=false)
    private DAOUserTable dao;
    @Autowired(required=false)
    private DAOUserLogin dao1;
    public void addUser(User u) throws Exception {
        if(!dao.addUser(u)) throw new Exception("插入记录失败");
        //注意,执行 dao.addUser(u) 的过程中,连接数据库失败、SQL 异常等
        //都是 DataAccessException,该异常也被 Exception 所拦截
        //实际上,throw new Exception 还有一种可能:dao.addUser(u)返回的是 false
    }
    public boolean checkUserName(String name) {
        if(dao.isExistence(name)==null) return true; //数据库中不存在该用户名
        //同理,在执行 dao.isExistence(name) 的过程中也会发生实时运行异常,但不必处理
        //一般的做法是让控制层(调用者)结合日志处理
        else return false;
    }
    public void addUserLogin(User u) throws Exception {
        if(!dao1.addUserLogin(u.getUserName(), u.getPassWord()))
            throw new Exception("插入记录失败");
    }
}
@Transactional(rollbackFor=Exception.class)
public void register(User u) throws Exception {
```

```
//try {
addUser(u);
//int n=10/0;                                    //模拟出现异常
addUserLogin(u);
//}catch(Exception e) { }
}
```

在上面的代码中，register 被 @Transactional 标识，内部不能有 try-catch 块。另外，虽然 addUser()和 addUserLogin()有可能会产生异常，但可能无法被测试到。所以，用 int n＝10/0 模拟异常产生。也可以先注释该代码再测试。

3. 控制层设计

要注意 register 方法的设计，由于业务类中相关方法被设计为抛出异常，所以调用者必须处理。若产生异常，说明注册没成功，原因可能出自 tb_user 表操作，也可能出自登录表操作。但是，由于设计了事务处理，就可以保证数据库的一致性。

控制层代码如下：

```
package com.example.demo.controller;
import org.springframework.beans.factory.annotation.Autowired;
import org.springframework.web.bind.annotation.GetMapping;
import org.springframework.web.bind.annotation.RequestBody;
import org.springframework.web.bind.annotation.RequestMapping;
import org.springframework.web.bind.annotation.RestController;
import com.example.demo.entity.User;
import com.example.demo.services.UserManagement;
@RestController
@RequestMapping("/user")
public class UserManagementController {
    @Autowired
    private UserManagement um;
    //@RequestMapping(value="userNameCheck", method=RequestMethod.GET)
    @GetMapping("/userNameCheck/{name}")
    public String checkUserName(@PathVariable("name") String name) {
        if(um.checkUserName(name)) return "ok";
        return "err";
}
@RequestMapping("/register")
public String register(@RequestBody User user) {
    System.out.println(user.toString());
    String returnStr="ok";
    try {um.register(user);}catch(Exception e) {returnStr="error";}
    return returnStr;
    }
}
```

9.6.3　运行测试

启动 Spring Boot 入口程序,打开 127.0.0.1:8080/register.html。输入可以注册的用户名及其他信息,可以肯定 addUser(u)是不会发生异常的,但由于执行了 int n＝10/0,会发生异常,系统自动执行回滚操作,在 tb_user 中不会有新记录,如图 9-7 所示,系统提示用户名可用,但注册失败。

图 9-7　第 1 次测试结果

第 2 次测试时,把 int n＝10/0 代码注释掉,输入不可用的用户名(已被注册过的),则可以肯定执行 addUser(u)时发生异常,后续业务逻辑不会继续,界面提示注册失败,也不存在回滚的动作。

第 3 次测试时,仍然把 int n＝10/0 代码注释掉,重复第 1 次的操作,发现两张表中都有新记录了,如图 9-8 所示。

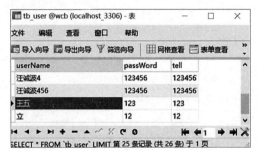
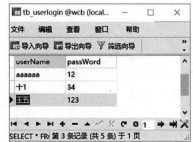

图 9-8　第 2 次测试结果

9.7　本章小结

本章主要介绍了 DAO 层的设计及 ORM 思想,并介绍了 Spring Boot＋MyBatis 框架的使用方法。读者通过本章学习应理解 DAO 层的设计思想,掌握软件工程中的分层设计的理论。分层设计的核心:上层调用下层,各层专注于自己的业务核心,互不干扰。这种设计层次分明,有利于维护和资源共享。通过本章案例的设计与实现,读者应该仔细体会分层设计思想的精髓。

第 10 章　书店后台管理系统设计与实现

基于 Spring Boot 框架技术,本章介绍图书的 CURD 等基本管理功能的设计与实现,重点介绍一些关键技术的解决方案,包括分页处理、模糊查找、文件异步上传以及日志处理等技术,并从方案分析、设计思想及数据迁移等视角介绍这些经典应用场景的技术实现。

10.1　项目准备

10.1.1　数据库表设计

由于只对图书进行 CURD 操作,为了简化问题,只设计一张表:tb_book,其中 bookID 为主键,不能为空值,字段包括 bookName(书名)、price(价格)、publishing(出版社)、storage(库存)、type(类型)、pic(封面图片)等。采用 MySQL 数据库,tb_book 表的结构如图 10-1 所示。

名	类型	长度	小数点	允许空值 (	
bookID	varchar	255	0	☐	🔑1
bookName	varchar	255	0	☑	
price	int	11	0	☑	
publishing	varchar	255	0	☑	
storage	int	11	0	☑	
type	int	11	0	☑	
pic	varchar	255	0	☑	

图 10-1　tb_book 表结构

10.1.2　项目开发环境搭建

项目开发环境搭建步骤如下:

(1) 打开 https://start.spring.io/网站,在左边选择 Maven Project,开发语言为 Java,JDK 版本为 8,Project Metadata(项目元数据)根据需要设置。

(2) 单击 ADD DEPENDENCIES(增加依赖)按钮,选择项目的依赖包,结果如图 10-2 所示。最后,单击 GENERATE 按钮,生成 ZIP 文件,下载到本地后解压缩。

(3) 在 Eclipse 中,导入已存在的 Maven 项目。

(4) 在启动程序所在的包下,新建软件生产需要的各层(包括配置层、业务层、DAO 层、控制层及实体层等)的包。之所以这样做,目的是让 Spring Boot 启动程序自动扫描各层中的类用到的注解。项目结构如图 10-3 所示。

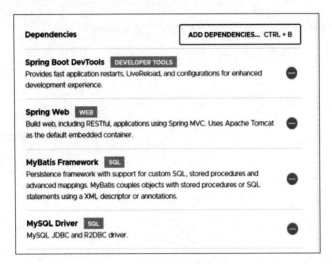
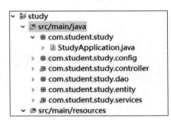

图 10-2　项目的依赖包　　　　　　　　图 10-3　项目结构

 系统配置及各层设计

10.2.1　系统配置

项目的系统配置是全局性内容,可以通过全局的属性文件(application.properties)、Maven 的 pom.xml 文件以及新建配置类等方法实现。

全局性内容配置主要包括两方面内容:

(1) 对 Spring Boot 默认提供的各类依赖的改变。例如,把 JSON 解析包(默认提供的是 jackson)改成阿里公司的 fastonjson,改变 MySQL 的版本(默认提供的是 8.x),或者把默认的连接池替换成阿里公司的 druid 技术,等等,则需要在 application.properties 和 pom.xml 中做相应的改变。

(2) 对全局性数据进行配置。由于生产环境与运行维护环境的不同,会产生不同的数据要求。另外，对系统运行过程中需要改变的数据，如工资系统的税率等，不能用硬编码方式写到程序中，而是保存到全局属性文件中。

在本项目中，在 application.properties 文件中写入了数据源（datasource）、文件上传的物理 URL 和前端访问静态资源（如图片）的映射路径等信息，内容如下：

```
#配置数据源
spring.datasource.url=jdbc:mysql://127.0.0.1:3306/wcb?useUnicode=
true&characterEncoding=utf-8
spring.datasource.username=root
spring.datasource.password=123456
spring.datasource.driver-class-name=com.mysql.jdbc.Driver
#Spring Boot2 提供默认连接池 HikariCP 的配置，并提供了默认值
#如果需要，可以在配置文件里进行参数调整
#本项目不进行参数调整，所以将相关项(包括连接时间、连接池空闲数等)注释掉
#spring.datasource.hikari.minimum-idle=5
#spring.datasource.hikari.maximum-pool-size=15
#spring.datasource.hikari.max-lifetime=1800000
#spring.datasource.hikari.connection-timeout=30000
#spring.datasource.hikari.pool-name=DatebookHikariCP
#访问静态资源的映射文件夹
file.accessPath=/pic/
#静态资源的访问路径
file.staticAccessPath=/pic/**
#文件上传目录(注意 Linux 和 Windows 的目录结构不同)
file.uploadFolder= E:\\uploadfile\\img\\
```

10.2.2　各层设计

分层设计是软件设计与生产的一般方法，每层之间的调用一般通过接口实现，有利于封装变化、版本升级和维护。本章项目在有些地方作了简化处理。项目各层之间的关系与调用如图 10-4 所示。

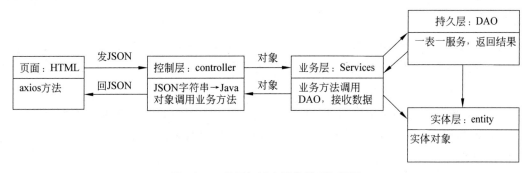

图 10-4　项目各层之间的关系与调用

1. 实体层：com.student.study.entity

实体层对象往往与数据库中的表一一对应,如用户表 tb_user 对应 User 类。本章项目的实体类只有 Book,对应数据库的 tb_book 表。设计实体类时,实体类的数据属性名应尽量与数据库的字段名保持一致,同时与前后端数据通信的 JSON 字符串中的 key 值保持一致。Book 类的核心代码如下：

```
package com.student.study.entity;
public class Book {
private String bookID;
private String bookName;
private int price;
private String publishing;
private int storage;
private int type;
private String pic;
public Book(){}
public Book(String bookID, String bookName, int price, String publishing,
        int storage, int type,String pic) {
    super();
    this.bookID = bookID;
    this.bookName = bookName;
    this.price = price;
    this.publishing = publishing;
    this.storage = storage;
    this.type = type;
    this.pic = pic;
}
…              //省略所有 get/set 方法以及 toString()方法,读者可以自行添加
```

2. DAO 层：com.student.study.dao

DAO 中类或接口的设计也按照"一表一服务"原则,一张表对应一个类(或接口),接口中设计的方法是针对特定表的 CURD 操作。在设计 DAOBookTable 时,需要注意以下事项：

- 若表中字段名与数据库的关键字重名,则对有冲突的字段名要加上反撇号(`),如 storage,它是 MySQL 的关键字,所以需要写成`storage`,这是 MySQL 的做法,其他数据库有自己的方法。
- 方法返回类型尽量根据业务层调用的需求决定,少用 void。一般执行修改、插入、删除操作时,使用 boolean 较好;执行查询操作时,返回对象或对象数组(List)。
- MyBatis 的方法不支持重载,不允许有两个同名方法。
- 若可能,方法的形参尽可能用实体对象,MyBatis 会自动把实体对象中的属性与表中

的相同字段名关联，并自动赋值。

DAO 层代码如下：

```java
import java.util.List;
import org.apache.ibatis.annotations.Delete;
import org.apache.ibatis.annotations.Insert;
import org.apache.ibatis.annotations.Mapper;
import org.apache.ibatis.annotations.Param;
import org.apache.ibatis.annotations.Select;
import org.apache.ibatis.annotations.Update;
import com.student.study.entity.Book;
//对图书的 CURD 操作，每个 MyBatis 注解下又提供了 SQL 语句，读者可以比较
@Mapper
public interface DAOBookTable {
//sql="update tb_book set bookName=?, price=?, publishing=?, type=?, `storage`
=?,pic=? where bookID=?";
@Update("update tb_book set bookName=#{bookName}, price=#{price}, publishing=
#{publishing}, type=#{type}, `storage`=#{storage}, pic=#{pic} where bookID=
#{bookID}")
public boolean updateBook(Book b);
//方法中只有一个参数，不需要@Param
//sql="delete from tb_book where bookID=?";
@Delete("delete from tb_book where bookID=#{id}")
public boolean delBookByBookID(String id);
//若实体对象的属性与表字段名不一致，则需要类型转换说明
//sql="insert into tb_book(bookID,bookName,price,publishing,storage,type,pic)
values(?,?,?,?,?,?,?)"
@Insert("insert into tb_book(bookID, bookName, price, publishing, storage, type,
pic) values(#{bookID},#{bookName},#{price},#{publishing},#{storage},#{type},
#{pic})")
public boolean addBook(Book b);
//sql="select * from tb_book where bookID=?"
@Select("select * from tb_book where bookID=#{id}")
public Book getBookByID(String id);
//sql="SELECT * FROM tb_book where type=?";
@Select("SELECT * FROM tb_book where type=#{booktype}")
public List<Book> getBookByType(int booktype);
//String sql="SELECT * FROM tb_book ";
@Select("SELECT * FROM tb_book ")
public List<Book> getBookByAll();
//注意模糊查询 SQL 与注解的不同表达，各种数据库写法也不同
//sql="select * from table where bookName like %?%";
@Select("SELECT * FROM tb_book where bookName like CONCAT('%', #{name},'%')")
public List<Book> findBookByName(String bookName);
```

```
//SQL 语句中有两个或以上参数,需要用@Param 说明引用的参数
//sql="select * from tb_book where type=? limit ?, ?"
@Select("select * from tb_book where type=#{type} limit #{index}, #{size}")
public List<Book> getBooksByPagenumAndType(@Param("type") int type,
@Param("index") int startIndex,@Param("size") int pageSize);
//sql="select * from tb_book limit ?, ?"
@Select("select * from tb_book  limit #{index}, #{size}")
public List<Book> getBooksByPagenum(@Param("index") int index,@Param("size")
int size);
}
```

3. 业务层:com.student.study.services

本项目的业务类为 BookManagement。该业务类相对简单,基本上是简单调用 DAO 层的相关方法,这是简化处理。在实际项目中,除了调用 DAO 层方法,还有其他的业务处理,如注册业务,需要邮件确认、短信确认等功能。

业务类被注解为@Service,以方便在控制层中以@Autowired 方式注入业务对象。

BookManagement 代码如下:

```
import java.util.List;
import java.util.Map;
import org.springframework.beans.factory.annotation.Autowired;
import org.springframework.stereotype.Service;
import com.student.study.dao.DAOBookTable;
import com.student.study.entity.Book;
@Service
public class BookManagement {
    @Autowired(required=false)
    private DAOBookTable dao;
    public boolean editBook(Book book){
        return dao.updateBook(book);
    }
    public List<Book> queryBookByType(int type){
        return dao.getBookByType(type);
    }
    public boolean delBookByBookID(String id){
        return dao.delBookByBookID(id);
    }
    public boolean addBook(Book b){
        return dao.addBook(b);
    }
    public Book getBookByID(String bookID){
        return dao.getBookByID(bookID);
    }
```

```
public List<Book> getBookBySpecifiedPage(int pageNum,int pageSize){
    int startIndex=(pageNum-1) * pageSize;
    return dao.getBooksByPagenum(startIndex,pageSize);
}
//根据指定图书的类型、每页显示的记录数量和当前页面号取相关图书列表
public List<Book> getBookBySpecifiedPage(int type,int pageNum,int
        pageSize){
    int startIndex=(pageNum-1) * pageSize;
    return dao.getBooksByPagenumAndType(type, startIndex, pageSize);
}
//根据书名模糊查找
public List<Book> findBookByBookName(String bookName){
    return dao.findBookByName(bookName);
}
}
```

4. 控制层

关于控制层的设计,在下面各节结合具体业务过程的实现说明。

 10.3 分页与模糊查找

10.3.1 分页技术的各种实现方案

分页技术是 Web 项目的常用技术,其实现的方式有很多。

第一种方法是传统的分页方法,将查询结果缓存在 HttpSession 或有状态 JavaBean 中,翻页时,从缓存中取出一页数据进行显示。这种方法虽然具有翻页响应快(在内存中读数据)的优点,但也存在一些缺点。首先,用户可能看到的是过期数据(因为数据库是不断更新的);其次,如果数据量非常大,第一次查询(遍历结果集)会耗费很长时间,并且缓存的数据也会占用大量内存,效率明显下降。这种方法一般适用于数据规模不大、并发量也不大的项目。

第二种方法是对上述方法的改进。其主要思想是:每次翻页都查询一次数据库,从结果集中只取出一页数据。这种方式不存在大量占用内存的问题,但在某些数据库(如 Oracle)的 JDBC 实现中,每次查询差不多都需要遍历所有记录。实验证明,在记录数很大时,这种方法的速度也非常慢。

第三种方法是:每次翻页的时候,只从数据库里检索出页面大小的数据块。这样做,虽然每次翻页都需要查询数据库,但由于查询出的记录数很少,因此查询速度快。如果使用连接池技术,还可以略过最耗时的数据库连接建立过程。而在数据库端,有各种成熟的优化技

术用于提高查询速度,因此,这种方法在 3 种方法中是最优的。本节只介绍这种方法的实现。

另外,分页还可以通过数据库的存储技术实现。这种方法把分页过程的业务逻辑放在具体数据库中实现,因此,其速度是最快的。但由于这种方法与具体数据库相关,因此移植性差,可重用性也差。

10.3.2　分页与模糊查找功能的设计与实现

在分页技术的实现中,无论采用何种方案,分页显示的核心数据都是将被显示的页码数(pageNum)。在目前的单页面系统中,分页展现是局部刷新,利用 Ajax 技术实现,所以 pageNum 可以被设计为 JavaScript 的全局数据。当用户输入页数或单击"上一页""下一页"按钮时,首先计算 pageNum 的值(计算过程中需要进行必要的验证,如超过总页面数等),然后,利用 Ajax 向后台发送 pageNum 值;后台通过查询数据库,根据 pageNum 取出 pageSize 条记录,在控制层生成 JSON 格式数据,发回前台;前台利用 JavaScript 进行实时渲染,完成一次分页过程。

以网上书店后台管理系统的图书管理页面为例,该页面实现分类显示、分页及模糊查找功能。运行 127.0.0.1:8080/page.html,如图 10-5 所示。编辑与删除功能不在该页面实现。

书名	价格	数量	操作
文化艺术2	45	1	编辑 删除
文化艺术	89	12	编辑 删除
Java程序设计	36	3	编辑 删除

选择书类型 全部 计算机 文学
输入书名 书名查找
第 1 页 go　下一页 上一页　每页显示 3 条记录 设定

图 10-5　图书管理页面

按照以上所述的基本思路,以下给出分页与模糊查找功能的设计与实现。

1. 页面设计

在项目 src/main/resources/static/下,新建 page.html 页面。需要说明的是,本页面采用了 Vue 技术,初始数据为

```
data:{bookList:[],pageNum:1,pageSize:3,type:0,searchbook:""}
```

其中,type 为图书的类型,默认值为 0,表示全部图书;bookList 为页面显示的图书列表,由当前 type、pageNum 及 pageSize 值决定。在 Vue 的方法中设计了一个公共方法——getBookList:function(self),其中 self 表示当前 Vue 实例。该方法的核心功能是:在程序运行过程中,根据当前的 type、pageNum 及 pageSize 值,从服务器端异步获取相应的记录数并

进行渲染。

另外,该页面提供了动态设置每面显示记录条数的功能,其实质就是让用户改变 pageSize 值。当该值被改变后,触发 getBookList:function(self)方法,从服务器取回相应的记录集合。

searchbook 为搜索内容,支持模糊查询。

以下是 page.html 的代码。注意,vue.js 和 axios.min.js 放在../static/resources/JS/下。

```
<!DOCTYPE html>
<html><head><meta charset="UTF-8">
<title>书的展示与分页</title>
<script src="resources/JS/vue.js"></script>
<script src="resources/JS/axios.min.js"></script>
</head>
<body>
<div id="app" align="center">
    <div align="center">
    选择书类型:<button @click="bookOfAll()">全部</button> 
    <button @click="bookOfComputer()">计算机</button> 
    <button @click="bookOfLiterature()">文学</button>
        <div align="right">
        输入书名:<input type="text" v-model="searchbook" />
        <button @click="find_book()">书名查找</button></div>
    </div>
<div style="margin-top:20px; max-height: 280px; overflow-y:auto;" align="center">
    <table width="70%" border="1">
    <col width="20%"><col width="10%"><col width="10%"><col width="20%">
    <tr><td>书名</td><td>价格</td><td>数量</td><td>操作</td></tr>
    <tr v-for="(row,index) in bookList">
        <td>{{row.bookName}}</td>
        <td>{{row.price}}</td>
        <td>{{row.storage}}</td>
        <td><span>编辑</span> <span>删除</span></td>
    </tr>
    </table>
</div>
<div style="width: 80%; height: 20px; margin:30px 30px 0 30px" align="center">
    第<input style="width:25px" type="number" v-model="pageNum"/>页
    <input style="width: 35px" type="button" value="go" @click="go()">
 <input style="width: 55px" type="button" value="下一页" @click="next()">
 <input style="width: 55px" type="button" value="上一页" @click="previous()">
 每页显示<input style="width:25px" type="number" v-model="pageSize">条记录
<input style="width:45px" type="button" value="设定" @click="setPageSize()">
    </div>
```

```
</div>
<script type="text/javascript">
var vm = new Vue({
    el: '#app',
    data: {bookList:[],pageNum:1,pageSize:3,type:0,searchbook:""},
    methods:{
        //以下为自定义方法,被其他方法调用,相当于私有方法
        getBookList:function(self){                  //用于分页的书籍列表
        axios({url:"book/bookListByPagenum",method:"post",
        data:{"pageNum":self.pageNum,"pageSize":self.pageSize,"type":self.type}})
        .then(function(response){self.bookList=response.data;})
        .catch(function(error){});},
        //以下根据类别显示图书,并分页显示
        bookOfAll:function(){
            this.type=0;                             //当前选择了"全部"选项
            this.pageNum=1;                          //显示第 1 页
            this.$options.methods.getBookList(this);
        },
        bookOfComputer:function(){
            this.type=1;                             //当前选择了"计算机"选项
            this.pageNum=1;                          //显示第 1 页
            this.$options.methods.getBookList(this);
        },
        bookOfLiterature:function(){
            this.type=2;                             //当前选择了"文学"选项
            this.pageNum=1;                          //显示第 1 页
            this.$options.methods.getBookList(this);
        },
        //以下是分页处理的方法
        go:function(){
        //修改 pageNum 的值。JavaScript 从 number 控件获取的是文本,需要转成数字
            let numStr=this.pageNum;//获取 pageNum 的值
            this.pageNum=parseInt(numStr);
            this.$options.methods.getBookList(this);
        },
        next:function(){
            this.pageNum++;
            this.$options.methods.getBookList(this);
        },
        previous:function(){
            this.pageNum--;
            if(this.pageNum<=0) this.pageNum=1;
            this.$options.methods.getBookList(this);
        },
```

```
        setPageSize:function(){
            //JavaScript 从 number 控件获取的是文本,需要转成数字
            let numStr=this.pageSize;              //获取 pageSize 的值
            this.pageSize=parseInt(numStr);
            this.pageNum=1;                        //显示第 1 页
            this.$options.methods.getBookList(this);
        },
        //以下设置图书的查找约定:从所有图书中查找(支持模糊查找)
        find_book:function(){
            self=this;
            axios("book/findBook?bookName="+self.searchbook)
            .then(function(response){self.bookList=response.data;})
            .catch(function(error){});
        }
    }
});
</script>
</body>
</html>
```

2. 控制层设计与实现

在 com.student.study.controller 包下,新建 BookManagementController 控制器,核心
代码如下:

```
package com.student.study.controller;
import java.io.PrintWriter;
...                                               //其他 import 语句
import com.student.study.services.BookManagement;
@RestController
@RequestMapping("/book")
public class BookManagementController {
    @Autowired
    private BookManagement bm;
    //图书的分页显示
    @RequestMapping("/bookListByPagenum")
    public List<Book> bookListByPagenum(@RequestBody Map<String,Object> map) {
        int type=(int)map.get("type");
        int pageNum=(int)map.get("pageNum");
        int pageSize=(int)map.get("pageSize");
        System.out.println("type="+type);
        List<Book> list=null;
        if(type==0)list=bm.getBookBySpecifiedPage(pageNum,pageSize);
        else list=bm.getBookBySpecifiedPage(type, pageNum, pageSize);
        return list;
```

```
        }
    }
```

@RequestBody 注解的参数可以是实体类。若没有实体类,则前端传过来的 JSON 串也可以是 Map<String,Object>类型,按 key/value 方式与 JSON 串对应。

控制器是页面与业务层的桥梁。各层代码的调用关系如图 10-6 所示。

```
页面page.html:
getBookList:function(self){//用于分页的图书列表
axios({url:"book/bookListByPagenum",method:"post",
data:{"pageNum":self.pageNum,"pageSize":self.pageSize,"type":self.type}})
.then(funetion(response){self.bookList=response.data;})…
```

```
控制器BookManagementController:
public List<Book> bookListByPagenum(@RequestBody Map<String,Object> map) {
int type=(int)map.get("type");int pageNum=(int)map.get("pageNum");
int pageSize=(int)map.get("pageSize");
if(type==0)list=bm.getBookBySpecifiedPage(pageNum,pageSize);
else list=bm.getBookBySpecifiedPage(type, pageNum, pageSize);
return list;
```

```
业务类BookManagement的相关方法:
public List<Book> getBookBySpecifiedPage(int type,int pageNum,int pageSize){
 int startIndex=(pageNum-1)*pageSize;
 return dao.getBooksByPagenumAndType(type, startIndex, pageSize);
```

```
DAOBookTable的相关方法:
@Select("select * from tb_book where type=#{type} limit #{index} , #{size}")
public List<Book> getBooksByPagenumAndType(@Param("type") int type, @Param
("index") int startIndex,@Param("size") int pageSize);
```

图 10-6 各层代码的调用关系

3. 模糊查找功能

理解了分页功能的实现思路后,其他功能(如模糊查找功能)的实现也不难理解。模糊查找的核心是相关的 SQL 语句以及 MyBatis 注解,其他代码与分页显示功能实现大同小异。另外,通过对本项目的学习,读者需要加深对 Spring IOC 思想的理解,并掌握各种注解的使用方法。

以下是模糊查找控制器代码:

```
@RequestMapping("/findBook")
public List<Book> findBook(@RequestParam("bookName") String name){
    return bm.findBookByBookName(name);
}
```

4. 异常处理

控制层的设计是有缺陷的,最大的问题是方法没有对异常进行处理。DAO 层的方法是会发生异常的,它把异常传递给业务层,最后传递给控制层。由于控制层是最后一层,所以它必须处理异常,通常的做法是把异常处理与日志结合起来。

 ## 10.4 文件上传与新书录入

文件上传与下载是项目中经常用到的功能。关于 Java 文件读写的基本方法以及用到的类(包括 File、FileInputStream 等),读者可参考相关资料。

10.4.1 上传和下载的基本原理

1. 文件上传

文件上传的过程是从客户端到服务器再到服务器硬盘的过程,因此是输入到输出的过程。在这个过程中,输入流是可从内置对象 request 的 getInputStream()方法获得,输出流则采用文件输出流技术,文件的读写过程一般是字节流。例如,把位于客户端桌面的 A.txt 上传到服务器指定目录下,文件名为 B.txt,其过程如图 10-7 所示。

图 10-7 文件上传的过程

HTML 提供了 File 类型的表单,它可以让用户选择要上传的文件。其格式如下:

```
<FORM action="接收上传文件的页面" method="post"  enctype=" multipart/form-data">
<Input type= "File"  name= "参数名字"  >
</FORM>
```

需要注意,文件上传表单的 enctype 必须设置为"multipart/form-data",这等于告诉服务器,本次请求包含文件流。

load.jsp 页面代码如下:

```
<%@ page contentType="text/html;charset=GB2312" %>
<HTML>
<BODY>
    <P>选择要上传的文件:<BR>
    <FORM action="accept.jsp" method="post" ENCTYPE="multipart/form-data">
        <INPUT type=FILE name="boy" size="38">
        <BR><INPUT type="submit" name ="g" value="提交">
</BODY>
</HTML>
```

在 accept.jsp 页面,首先通过 request 得到相关信息(如上传文件名等),并用 request 的 getInputStream( )方法建立一个从客户端指定文件到服务器的输入流 in,再用 FileOutputStream()方法创建一个从服务器内存到硬盘的输出流 o。输入流 in 读取客户上传的信息,输出流 out 将输入流读取的信息写入 B.txt,该文件存储在 E:\filetest 中。需要注意的是,实际文件内容在文件 B.txt 中从第 5 行开始至倒数第 6 行结束,而前 4 行和后 5 行则是客户端的相关信息(上传的文件名等)。

accept.jsp 代码如下:

```
<%@ page contentType="text/html;charset=GB2312"%>
<%@ page import="java.io.*"%>
<HTML>
<BODY>
<%
try{
    InputStream in=request.getInputStream();
    File f=new File("E:\\apache-tomcat-9.0.16\\webapps\\filetest","B.txt");
    FileOutputStream out=new FileOutputStream(f);
    byte b[]=new byte[1000];
    int n;
    while((n=in.read(b))!=-1)
    {
        out.write(b,0,n);
    }
    out.close();
    in.close();
}catch(IOException ee){}
out.print("文件已上传");
%>
</BODY>
</HTML>
```

假设客户端的 A.txt 内容为

```
123456789
fhthjgj
```

则文件上传后,B.txt 的内容如下:

```
----------------------------7da2bf5a0172
Content-Disposition: form-data; name="boy"; filename="C:\Documents and Settings
\Administrator\桌面\A.txt"
Content-Type: text/plain

123456789
```

fhthjgj
```
---------------------------7da2bf5a0172
Content-Disposition: form-data; name="g"
```
提交
```
---------------------------7da2bf5a0172—
```

显然,第 5、6 行(黑体部分)为上传文件的内容。因此,上传的文件经过再处理后才能保存到服务器中。读者可以自行实现再处理的方式。

2. 文件下载

JSP 内置对象 response 的调用方法 getOutputStream()可以获取一个指向客户的输出流,服务器将文件写入这个流,客户端就可以下载这个文件了。当 JSP 页面提供下载功能时,应当使用 response 对象向客户端发送 HTTP 头信息,说明文件的 MIME 类型,这样,客户端的浏览器就会调用相应的外部程序打开下载的文件。

down.jsp 代码如下:

```
<%@ page contentType="text/html;charset=GB2312"%>
<HTML>
<BODY>
<P>单击超链接下载文档 book.txt
<BR>  <A href="downloadFile.jsp">下载 book.txt</A>
</Body>
</HTML>
```

downloadFile.jsp 代码如下:

```
<%@ page contentType="text/html;charset=GB2312"%>
<%@ page import="java.io.*"%>
<HTML>
<BODY>
<%  //获得响应客户端的输出流
    OutputStream o=response.getOutputStream();
    //输出文件用的字节数组,每次发送 500 字节到输出流
    byte b[]=new byte[500];
    //下载的文件
    File fileLoad=new File("E:\\apache-tomcat-6.0.16\\webapps\\filetest","book.
        txt");
    //客户端保存文件的对话框
     response.setHeader("Content-disposition","attachment;filename="+"book.
        txt");
    //通知客户端文件的 MIME 类型
    response.setContentType("text/html");
    //通知客户端文件的长度
    long fileLength=fileLoad.length();
```

```
        String length=String.valueOf(fileLength);
        response.setHeader("Content_Length",length);
        //读取文件 book.txt 并发送给客户端,供其下载
        FileInputStream in=new FileInputStream(fileLoad);
        int n=0;
        while((n=in.read(b))!=-1)
        {
            o.write(b,0,n);
        }
%>
</BODY>
</HTML>
```

10.4.2　Spring Boot 的文件异步上传核心技术

　　显然,如果直接使用 Servlet 获取上传文件的输入流,再进行进一步处理,是比较麻烦的。Apache 的开源工具 common-fileupload 提供了对输入流处理及文件转存等功能。SpringMVC 文件处理模块提供了 MultipartFile 接口的实现类,该类主要实现了对 request.getInputStream()方法和 common-fileupload 工具的封装,使文件处理变得相当简单。当然,在 SpringMVC 环境下,需要导入相关的包,且在配置文件中配置文件处理器,这是因为在默认情况下 SpringMVC 不提供文件处理功能。

　　Spring Boot 实际上使用了 SpringMVC 文件上传下载功能。但在默认情况下,Spring Boot 已包含了相关的包,并提供了文件处理解析器,也就是说,不需要任何配置和导入包。当然,如果读者不想采用 common-fileupload 进行文件处理,则需要改变 Maven 中 pom.xml 文件的配置。

1. MultipartFile 接口的主要方法

MultipartFile 接口的主要方法如下:

- String getName(): 获取前端文件表单中的＜input type="file" name="file"＞信息。
- String getOriginalFilename(): 获取文件名(不包含路径)。
- String getContentType(): 获取上传文件的类型。
- boolean isEmpty(): 判断文件是否为空。
- long getSize(): 获取文件长度。
- byte[] getBytes() throws IOException: 获取字节流。
- InputStream getInputStream() throws IOException: 以流的形式返回上传文件的数据内容。
- void transferTo(File var1) throws IOException, IllegalStateException: 将接收到

的文件另存为目标文件。

2. SpringMVC 文件上传过程

SpringMVC 文件上传过程如下：

（1）当收到请求时，总控制器 DispatcherServlet 的 checkMultipart()方法判断请求中是否包含上传文件。

（2）如果不包含，则按正常程序交给处理器处理。

（3）如果包含，则调用 MultipartResolver 的 resolveMultipart()方法对请求的数据进行解析，并将文件数据解析成 MultipartFile 类型的数据，并封装在 MultipartHttpServletRequest（继承了 HttpServletRequest）对象中，最后传递给具体的控制器。

由于默认情况下 SpringMVC 并没有自动注入 MultipartResolver，所以需要在 springmvc-servlet.xml 文件中进行配置，配置方法略。而对于 Spring Boot，这一切都不需要做了。

3. FormData 数据格式

默认情况下文件上传是同步操作。也就是说，只有在提交文件上传表单并刷新整个页面时，服务器端才能接收到文件输入流。而异步上传文件是项目中经常用到的功能，例如新书录入时需要上传图书的封面。若实现异步上传，页面端需要引入 FormData 数据格式，它是 HTML 5 标准的 JavaScript 对象。顾名思义，FormData 是一个表单数据，其数据结构为 key/value。

初始化 FormData 数据有两种方法。

一种方法是利用<form>标签自动生成。例如：

```
<form id="upload" enctype="multipart/form-data">
    <input type="text" name="userName"/>
    <input type="text" name="tel"/>
    <input id="file" type="file" name="file"/>
    <button @click="fileUpload" type="button">上传</button>
</form>
```

在 JavaScript 中，则可以用以下方法：

```
var form=document.getElementById("upload");
var formData=new FormData(form);
```

实际上，在 formData 中的数据自动为

```
{"userName":用户输入的值,"tel":输入的值,"file":选择的文件(流)}
```

在服务器端（控制器），可以通过 request.getPraameter("userName")获得用户名，也可得到电话号和文件流。显然，在 FormData 中的 key/value 中，value 可以是字符串，也可以是文件流，当然前提是 enctype＝"multipart/form-data"。

另一种初始化 FormData 数据的方法是通过 FormData 的 append()方法生成。例如：

```
var formData = new FormData();
formData.append("file", document.getElementById("file").files[0]);
```

对于文件表单,默认情况下可以上传多个文件(files[]),取第一个文件流。

关于上传文件的物理保存地址以及页面访问服务器图片文件的访问路径问题,在 10.4.3
节结合新书录入功能的实现具体说明。

10.4.3　新书录入功能的实现

1. 页面文件

在项目 src/main/resources/static/下,新建 addBook.html 页面,核心代码如下:

```
<!DOCTYPE html>
<html><head><meta charset="UTF-8">
<title>Insert title here</title>
<script src="resources/JS/vue.js"></script>
<script src="resources/JS/axios.min.js"></script>
</head>
<body>
<div id="app" style="width: 400px; height: 400px; background: rgba(255, 255, 255,
1); position: absolute; left: 0; top: 0; right: 0; bottom: 0; margin: auto; border-
radius: 5px; ">
    <h3 align="center">新书录入</h3>
    <form><table>
    <tr><td>书号:</td>
        <td><input type="text" v-model="newbookdata.bookID" /></td></tr>
    <tr><td>书名:</td>
        <td><input type="text" v-model="newbookdata.bookName" /></td></tr>
    <tr><td>价格:</td>
        <td><input type="text" v-model="newbookdata.price" /></td></tr>
    <tr><td>出版社:</td>
        <td><input type="text" v-model="newbookdata.publishing" /></td></tr>
    <tr><td>库存:</td>
        <td><input type="text" v-model="newbookdata.storage" /></td></tr>
    <tr><td>类型:</td>
        <td><select v-model="newbookdata.type">
            <option value="1">计算机类</option>
            <option value="2">文学类</option>
            <option value="3">军事类</option>
            </select></td></tr>
        <tr><td>封面图片</td>
            <td><input id="file" type="file" name="file" accept="image/ * ">
            <input type="button" @click="fileUpload" value="上传"/>图片:
```

```
        <img v-bind:src="newbookdata.pic" style="width: 120px; height: 100px"/>
            </td></tr>
        </table>
        <div align="center" style="margin-top: 3px">
            <input type="reset" value="重置"/>
            <input type="button" @click="add_book()" value="提交"/>
        </div>
        </form>
    </div>
    <script type="text/javascript">
    var vm=new Vue({
    el: '#app',
        data:{newbookdata:{bookID:"",bookName:"",price:0,publishing:null,storage:0,
            type:0,pic:""},},
        methods:{
            add_book:function(){
                axios({url:"book/addBook",method:"post",data:this.newbookdata})
                .then(function(response){
                    if(response.data=="ok")alert("增加新书成功!");
                    else alert("失败!");}).catch(function(error){});
            },
            fileUpload:function(){
            var formData=new FormData();
            formData.append("file", document.getElementById("file").files[0]);
            axios.post("book/fileUpload",formData,{
            headers:{'Content-Type': 'multipart/form-data'}}).then(function(response){
                if(response.data=="error") alert("文件上传失败");
                else {
                    alert("文件上传成功"+response.data);
                    self.newbookdata.pic=response.data;
                }
            });
        }}
    });
    </script>
    </body>
    </html>
```

新书录入页面如图 10-8 所示。页面文件就是一个表单,文件采用异步上传。也就是说,文件上传时页面不刷新,页面中显示的图片来自服务器返回的访问路径。当单击"提交"按钮时,新书的全部信息(包括图片的访问路径)送至服务器,存入数据库作为新书入库。

在新书录入页面中有两个 axios,其中一个专门处理文件上传。由于在表单<form>中没有设置 enctype 的值,所以在负责文件上传处理的 axios 中需要另加 headers 元素,其值为

图 10-8　新书录入页面

{'Content-Type': 'multipart/form-data'}。另外,文件输入组件＜input id＝"file" type＝"file" accept＝"image/＊"/＞设置了 accept 属性,使得用户打开选择文件框架时默认显示的是图片文件。

2. 文件上传至服务器的物理地址及页面访问路径

上传到服务器的文件实际上是项目运行(生产)过程中的产物,因此,无论是在开发阶段还是在系统运行阶段,如果重启服务器,服务器会自动把运行过程中产生的资源(包括上传文件)全部清除,所以上传到服务器的文件不能保存在服务器内部,也就是利用相对路径能访问的目录中,而是需要保存到服务器硬盘的绝对路径中,例如 E:\upload\img\。这就是文件上传至服务器的物理地址。

但是,如果把文件的服务器物理地址返回前端页面,前端页面根本无法显示。这是因为,前端页面请求静态资源(图片)时是根据网络的 IP 地址进行访问的,例如:

```
<img v-bind:src="newbookdata.pic" style="width: 120px; height: 100px"/>
```

假设 newbookdata.pic＝ E:\upload\img\1.png,图片的实际访问路径为

```
src=127.0.0.1:8080/E:\upload\img\1.png
```

这显然是不能访问的,浏览器报错。

解决的办法是在服务器上设置一个静态资源的页面访问路径,并映射到上传文件的物理地址。这样,页面通过访问路径请求静态资源(如图片)时,实际上是访问物理地址。

例如,设访问路径为/pic/＊＊,则

```
src=127.0.0.1:8080/pic/1.png
```

这样就没问题了。

3. 文件上传的控制层

在同一控制器中添加 fileUpload()方法，另外添加两个@Value，代码如下：

```java
public class BookManagementController {
    @Autowired
    private BookManagement bm;
    @Value("${file.accessPath}")
    private String accessPath;
    @Value("${file.uploadFolder}")
    private String uploadFolder;
    @RequestMapping("/fileUpload")
    public String fileUpload(@RequestParam("file") MultipartFile file ) throws
            Exception, IOException{
        if (file.getSize()>0) {
            String fileName=file.getOriginalFilename();   //文件名
            String extName=fileName.substring(fileName.lastIndexOf("."));
                                            //扩展名
            Date date=new Date();              //用时间戳重新命名文件,防止文件重名
            String temp=date.toString().replaceAll("[^a-z^A-Z^0-9]", "");
                                            //把时间中的空格和冒号去掉
            String saveFileDir=uploadFolder+temp+extName;   //文件保存路径
            //以上是文件的绝对路径
            File file1=new File(saveFileDir);
            file.transferTo(file1);           //保存文件
            System.out.println("saveFileDir="+saveFileDir);
            String fileAcessDir=accessPath+temp+extName;   //文件访问
            return fileAcessDir;               //返回访问路径,保存在数据库中
        }
        System.out.println("没有选择文件");
        return "error";
    }
}
```

由于软件系统的生产环境与运行和维护环境不同，有些数据需要全局定义与设置。@Value 是 Spring IOC 的注解，用于对 Bean 进行实例化时对其属性值的注入，这个注解可以实现上述需求。在 Spring Boot 中，可以在应用程序的属性文件 application.properties 中设置需要注入的值。常用的注入方法为@Value("#{}")和@Value("${}")，二者略有区别，请参考官方文档。在本例中，对文件上传的物理地址以及文件的访问路径进行全局配置，在属性文件中加入以下内容：

```
#访问静态资源的映射文件夹
file.accessPath=/pic/
```

```
#静态资源的访问路径
file.staticAccessPath=/pic/**
#文件上传目录(注意,Linux 和 Windows 的目录结构不同)
file.uploadFolder= E:\\uploadfile\\img\\
```

另外,设置静态资料的映射路径(访问路径),在 com.student.study.config 包内设计一个配置类 UploadConfig,代码如下:

```
import org.springframework.beans.factory.annotation.Value;
import org.springframework.context.annotation.Configuration;
import org.springframework.web.servlet.config.annotation.ResourceHandlerRegistry;
import org.springframework.web.servlet.config.annotation.WebMvcConfigurer;
@Configuration
public class UploadConfig implements WebMvcConfigurer {
    @Value("${file.staticAccessPath}")
    private String staticAccessPath;
    @Value("${file.uploadFolder}")
    private String uploadFolder;
    @Override
    public void addResourceHandlers(ResourceHandlerRegistry registry) {
        registry.addResourceHandler(staticAccessPath).addResourceLocations
        ("file:" + uploadFolder);
    }
}
```

该类由@Configuration 注解,属于配置类,作用相当于在 Spring 的配置文件中进行相关配置。该类在实例化时会通过@Value 注入相关的属性值。当 Spring Boot 启动程序运行时,会执行该配置类中的相关方法。

4. 新书录入页面的控制层

控制层的实现相对简单,代码如下:

```
@RestController
@RequestMapping("/book")
public class BookManagementController {
    @Autowired
    private BookManagement bm;
}
@RequestMapping("/addBook")
public String addBook(@RequestBody Book book){
    System.out.println(book.toString());
    if(bm.addBook(book)) return "ok";
    return "error";
}
```

5. 新书录入页面的业务层与 DAO 层

业务层代码如下：

```
@Service
public class BookManagement {
    @Autowired(required=false)
    private DAOBookTable dao;
    public boolean addBook(Book b) { return dao.addBook(b);
}
```

DAO 层代码如下：

```
@Mapper
public interface DAOBookTable {
    //sql="insert into tb_book(bookID,bookName,price,publishing,storage,type,
    pic) values(?,?,?,?,?,?,?)"
    @Insert("insert into tb_book(bookID,bookName,price,publishing,storage,type,
    pic) values(#{bookID},#{bookName},#{price},#{publishing},#{storage},#{type},
    #{pic})")
    public boolean addBook(Book b);
}
```

各层代码的调用关系类似于图 10-6。

 10.5 图书编辑与删除

与 10.3 节和 10.4 节介绍的两个功能的实现相比，图书编辑与删除功能相对简单，没有需要特别说明的新技术。

10.5.1　页面设计与效果

editBook.html 有编辑与删除功能，代码如下：

```
<!DOCTYPE html>
<html><head><meta charset="UTF-8"><title>编辑与删除</title>
    <script src="resources/JS/vue.js"></script>
    <script src="resources/JS/axios.min.js"></script>
</head>
<body>
<div id="app" align="center">
    <h1>编辑与删除</h1>
<div style="margin-top: 20px; max-height: 280px; overflow-y: auto;" align="center">
```

```
<table width="70%" border="1">
    <col width="20%">
    <col width="10%">
    <col width="10%">
    <col width="20%">
<tr><td>书名</td><td>价格</td><td>数量</td><td>操作</td></tr>
<tr v-for="(row,index) in bookList">
    <td >{{row.bookName}}</td>
    <td >{{row.price}}</td>
    <td >{{row.storage}}</td>
    <td ><button @click="editbook_UI(row)" >编辑</button>
     <button @click="del_book(row.bookID,index)">删除</button></td>
</tr></table>
</div>
<div v-show="editbookUI" style=" position: fixed; top: 0; left: 0; width: 100%;
height:100%; z-index:12;background:rgba(0, 0, 0, .5); ">
<div style=" width: 400px; height: 400px; background: rgba (255, 255, 255, 1);
position: absolute; left: 0; top: 0; right: 0; bottom: 0; margin: auto; z-index: 15;
border-radius: 5px; ">
    <h3 align="center">修改图书</h3>
    <form><table>
    <tr><td>书号:</td>
        <td><input type="text" readonly="readonly" v-model="editbookdata.
        bookID" style="background: #d4dedf"></td>
    </tr>
    <tr><td>书名:</td>
        <td><input type="text" v-model="editbookdata.bookName"/></td></tr>
        <tr><td>价格:</td>
            <td><input type="text" v-model="editbookdata.price" /></td></tr>
        <tr><td>出版社:</td>
            <td><input type="text" v-model="editbookdata.publishing" /></td>
        </tr>
        <tr><td>库存:</td>
            <td><input type="text" v-model="editbookdata.storage"/></td></tr>
        <tr><td>类型:</td>
            <td><select v-model="editbookdata.type">
                    <option value="1">计算机类</option>
                    <option value="2">文学类</option>
                    <option value="3">军事类</option>
                </select>
            </td></tr>
        <tr><td>图片:</td>
    <td> <img v-bind:src="editbookdata.pic" style="width: 120px; height: 100px"/>
    </td>
```

```
        </tr>
    </table>
    <div align="center" style="margin-top: 20px">
        <input type="reset" value="重置"/>
<input type="button" @click="editbook();editbookUI=false" value="提交"/>
<input type="button" @click="editbookUI=false" value="返回"/>
</div>
</form>
</div></div>
<script type="text/javascript">
var vm = new Vue({
    el: '#app',
    data: {bookList:[],editbookUI:false,
    editbookdata:{bookID:"",bookName:"",price:0,publishing:"",storage:0,
        type:0,pic:""}},
    created:function(){                //页面打开时,显示 8 本未分类的图书,用于编辑与删除演示
        self=this;
        axios({url:"book/bookListByPagenum",method:"post",
            data:{"pageNum":1,"pageSize":8,"type":0}})
            .then(function(response){self.bookList=response.data;})
            .catch(function(error){});
    },
    methods:{
        //根据书的 ID 删除指定书
        del_book(bookID,index){
            self=this;
            axios("book/delBookByBookID? bookID="+bookID)
            .then(function(response){
                if(response.data=="ok"){
                    alert("删除成功");
                    self.bookList.splice(index,1);        //UI 保持同步
                }else alert("删除失败");
            });
        },
        editbook_UI(row){
            this.editbookUI=true;
            this.editbookdata=row;                        //图书的详细信息
        },
        editbook:function(){
            axios({url:"book/editBook",method:"post",data:this.editbookdata})
            .then(function(response){
                if(response.data=="ok")alert("修改成功!");
                else alert("修改失败!");
            }).catch(function(error){});
```

```
        }
    }
});
</script>
</body>
</html>
```

页面打开时,显示 8 条图书记录,如图 10-9 所示。单击"删除"按钮时,删除指定图书。
单击"编辑"按钮时,显示编辑框架,如图 10-10 所示。

编辑与删除

书名	价格	数量	操作	
文化艺术2	45	1	编辑	删除
文化艺术	89	12	编辑	删除
Java程序设计	36	3	编辑	删除
2	2	2	编辑	删除
wwww	23	45	编辑	删除
大江大河	34	6	编辑	删除
dsgd	45	45	编辑	删除
数据结构	36	12	编辑	删除

图 10-9　编辑与删除页面

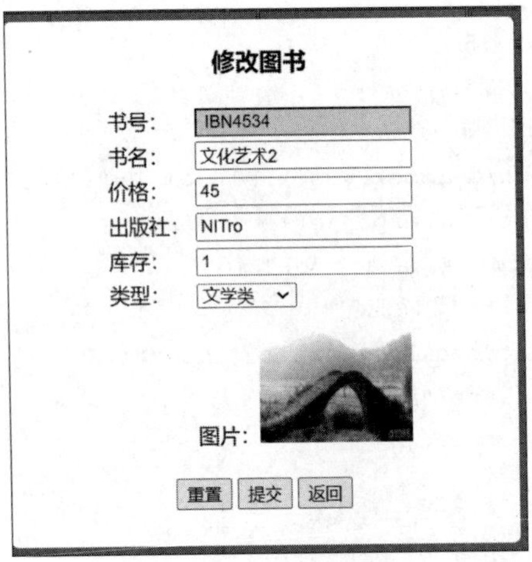

图 10-10　编辑框架

10.5.2　各层核心代码

控制层核心代码如下:

```
@RequestMapping("/editBook")
```

```
public String editBook(@RequestBody Book book){
    if(bm.editBook(book)) return "ok";
    return "error";
}
@RequestMapping("/delBookByBookID")
public String delBookByBookID(@RequestParam("bookID") String bookID) {
    if(bm.delBookByBookID(bookID)) return "ok";
    return "error";
}
```

业务层核心代码如下：

```
@Service
public class BookManagement {
    @Autowired(required=false)
    private DAOBookTable dao;
    public boolean editBook(Book book){ return dao.updateBook(book);
}
public boolean delBookByBookID(String id){
    return dao.delBookByBookID(id);
}
```

DAO 层核心代码如下：

```
//sql="update tb_book set bookName=?, price=?, publishing=?, type=?, `storage`
=?, pic=? where bookID=?";
@Update("update tb_book set bookName=#{bookName}, price=#{price}, publishing =
#{publishing}, type=#{type}, `storage`=#{storage}, pic=#{pic} where bookID=
#{bookID}")
public boolean updateBook(Book b);
//sql="delete from tb_book where bookID=?";
@Delete("delete from tb_book where bookID=#{id}")
public boolean delBookByBookID(String id);
```

10.6　书店后台管理系统前端页面整合

　　为了说明问题，前面简化了前端页面的设计，每个功能都设计了一个页面文件。可以把这几个页面（addBook.html、editBook.html、page.html 等）整合到同一个页面中，对其他各层代码（DAO 层、业务层、实体层以及控制层等）不需要作任何改动，就构成了相对完整的书店后台管理系统。本书配套资源中给出了参考整合，页面文件为 bookmanagement.html，运行结果如图 10-11、图 10-12 所示。

　　当然，页面整合属于前端技术范畴。本书的重点在于服务器开发技术以及前端与后端联系部分的技术,限于篇幅,对页面整合不作具体介绍,读者可自行实现。

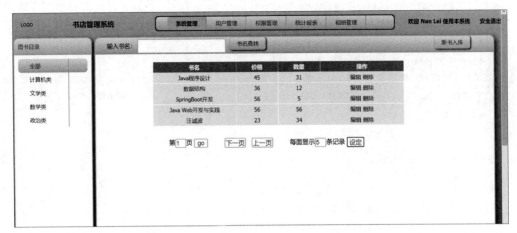

图 10-11　书店后台管理系统整合后的前端页面

图 10-12　书店后台管理系统整合后的新书录入页面

10.7　日志管理

日志管理是项目中常用的功能,有两种办法可以实现。

其一是在需要输出日志的地方(一般是控制层)结合异常处理记录日志。这种方法简单明了,容易说明问题。其缺点是把日志代码与业务代码(控制层)耦合在一起。但是,从实际情况看,控制层代码几乎没有机会重用,只是对以后项目的维护可能产生不便。

其二是利用 AOP 技术。该技术是 Spring 框架中的一个重要内容,它对既有程序定义一个切入点,然后在其前后切入不同的执行内容。常见的切入点有打开/关闭数据库连接、打开/关闭事务、记录日志等。基于 AOP 技术的方法不会破坏原来程序逻辑,因此可以很好地对业务逻辑的各部分进行隔离,从而使得业务逻辑各部分之间的耦合度降低,提高程序的可重用性,同时提高开发的效率。

本节介绍第一种方法。

10.7.1 基础知识

1. 与日志相关的开发包

Commons-logging 是 Apache 最早提供的日志的门面模式(facade pattern)接口,其目的是避免和具体的日志方案直接耦合。它类似于 JDBC 的 API 接口,具体的 JDBC 驱动程序由各数据库提供商实现,通过统一接口解耦。

Slf4j 的全称为 Simple Logging Facade for Java(简单日志 Java 门面),是为不同日志框架提供的一个门面封装。利用 Slf4j,在部署的时候不修改任何配置即可接入一种日志实现方案。Slf4j 和 Commons-logging 的功能与作用相似,但是设计得更好。

Log4j 是经典的日志解决方案。它在内部把日志系统抽象封装成 logger、appender、pattern 等,可以通过配置文件轻松地实现日志系统的管理和多样化配置。

Logback 是 Log4j 框架的作者开发的新一代日志框架,它效率更高、能够适应多种运行环境,同时支持 Slf4j。Logback 是 Slf4j 的原生实现框架,它拥有比 Log4j 更多的优点、特性和更强的性能,现在基本上取代了 Log4j,成为日志框架的主流。

2. 日志等级

日志通常分为 4 个等级,从高到低分别是 error、warn、info 及 debug。每个等级的含义如下:

(1) error:表示发生了异常,但程序能正常运行。例如,在运行的某个时刻数据库连接出了问题,发生了 SQL 异常。如果分析日志,可直接搜索 error 开头的记录,就能定位到问题源。

(2) warn:用来记录警告类信息,表明会出现潜在的错误。这些情况是可以预知且有规划的,例如,某个方法入参为空或者该参数的值不能满足运行该方法的条件等。

(3) info:表示不属于异常但需要记录的内容,例如,今天某个用户成功注册了,某个合法用户修改了数据库中记录,等等,这些是根据用户需求定义的日志。

(4) debug:一般用于开发阶段,记录程序上下文关键变量的变化,例如,把控制层接收到的前端数据打印输出等。这在以前是通过 System.out.println()方法实现的,但是在程序发布之前,这些代码要被注释掉。而采用日志的方法,可以通过设置输出等级统一处理,避免上述问题。

需要强调的是,日志记录会影响程序的性能,因为日志记录的次数越多,意味着执行文件 I/O 操作的次数就越多。一般情况下,在运行环境中,如果没有特殊要求(用户需求),日志只记录 error 等级。

3. 日志输出

默认情况下,日志在控制台输出,而且其等级是 info。在开发和测试阶段,没必要将日志输出到文件中,在运行阶段,日志一般输出到指定文件中,这需要进行系统设置。

10.7.2 日志的使用

在开发阶段,没有必要设置日志的输出等级。如果设置为 debug 等级,会有大量的系统提示信息(也是 debug 等级)出现在控制台上,这些信息都是由开发平台(Spring Boot)自动产生的,如连接池连接等信息,而用户程序希望输出的 debug 等级的信息就会被淹没了。所以,建议用户调试程序用的日志信息等级从 info(默认等级)开始。

下面利用第 9 章的注册案例来说明日志的应用。日志一般与异常处理结合在一起,所以日志往往被安排在控制层中。针对第 9 章的案例,页面文件(register.html)、DAO 层以及业务层保持不变,只对控制层进行改变,增加日志内容,代码如下:

```
package com.student.study.controller;
import org.slf4j.Logger;
import org.slf4j.LoggerFactory;
import org.springframework.beans.factory.annotation.Autowired;
...                                              //其他 import 语句
@RestController
@RequestMapping("/user")
public class UserManagementController {
    @Autowired
    private UserManagement um;
    private Logger logger = LoggerFactory.getLogger(this.getClass());
    @GetMapping ("/userNameCheck")
    public String checkUserName(String name){
        //System.out.println("name="+name);
        logger.info("进入控制器:checkUserName,接收前端的用户名="+name);
        try{
            if(um.checkUserName(name)) return "ok";
            return "err";
        }
        catch(Exception e) {
            logger.error("数据库连接错误");
            return "err";
        }
    }
    @RequestMapping("/register")
    public String register( @RequestBody User user){
```

```
        //System.out.println(user.toString());
        logger.info("进入控制器:register,接收前端的用户="+user);
        String returnStr="ok";
        try {um.register(user);
            logger.info(user+"注册成功");
        }
        catch(Exception e) {
            logger.error(user+"注册失败");
            returnStr="error";
        }
    return returnStr;
    }
}
```

注册失败的原因有 3 个：一是插入用户表记录失败；二是插入登录表失败后回滚成功；三是回滚失败。若需要确定发生了何种异常，如何处理？

1. Logger 接口

使用日志很简单。如果某个控制器需要输出日志，则在该控制器中用 LoggerFactory 类的静态方法生成 Logger 接口的实例，然后在需要输出日志的地方输出不同级别的日志即可，最简单的是打印用户程序需要输出的信息，类似于 System.out.println()。Logger 接口根据日志级别不同有 4 个对应方法：

- Logger.debug()。
- Logger.info()。
- Logger.warn()。
- Logger.error()。

以上方法的具体参数可参考官方文档。

2. 测试

若一切正常，在浏览器的注册页面中输入用户名"1"（假设该用户名在数据库表中已存在），再输入其他信息。提交后页面提示"注册失败"，因为用户名重复。在控制台中会显示以下信息：

```
2021-02-16 09:56:04.213  INFO 16088 --- [nio-8080-exec-7]
c.s.s.c.UserManagementController  : 进入控制器:checkUserName,接收前端的用户名=1
2021-02-16 09:56:08.478  INFO 16088 --- [nio-8080-exec-8]
c.s.s.c.UserManagementController  : 进入控制器:register,接收前端的用户 = User
[userName=1, passWord=12, tel=12]
2021-02-16 09:56:08.482 ERROR 16088 --- [nio-8080-exec-8]
c.s.s.c.UserManagementController  : User [userName=1, passWord=12, tel=12]注册失败
```

10.7.3　日志的输出

在项目上线之前的系统测试阶段和项目上线后的运行阶段,若用控制台输出日志显然不行。需要把日志按不同等级输出到对应的文件中,例如将 error 等级的日志输出到 log-error.log 文件中,而且每条日志的显示样式(包括内容、字体、颜色)都可以被定制。随着运行时间的累积,日志文件中的内容会越来越多,需要有相应的日志文件处理策略,如日志内容只保留 15 天(类似监控视频)等。以上内容可以统一在配置文件中规定。

在 Spring Boot 环境下,在 resource 目录下新建 logback.xml 文件,内容及格式说明如下:

```
<!-- scan:当此属性设置为 true 时,配置文档如果发生改变,会被重新加载。默认值为 true -->
<!-- scanPeriod:设置监测配置文件是否有修改的时间间隔。如果没有给出时间单位,默认单位
是 ms。当 scan 属性为 true 时,此属性生效。默认的时间间隔为 1min。-->
<!-- debug:当此属性设置为 true 时,将打印 logback 内部日志信息,实时查看 logback 运行状
态。默认值为 false -->
<?xml version="1.0" encoding="UTF-8"?>
<configuration scan="true" scanPeriod="10 seconds">
    <contextName>logback</contextName>
        <property name="log.path" value="输出地:文件的路径"/>
<!-- name 的值是属性的名称,value 的值是属性的值。定义的值会被插入 logger 上下文中。定
义后,可以通过${}使用变量 -->
    <!-- 彩色日志依赖的渲染类可以定义多个转换规则:conversionRule -->
    <conversionRule conversionWord="样式名" converterClass="全路径渲染类"/>
    <!--输出到控制台-->
<!-- <appender>用于定义输出源,即指定日志信息的输出设备,如控制台、文件等,可以定义多个
输出源,对应不同用途-->
    <appender name="CONSOLE" class="ch.qos.logback.core.ConsoleAppender">
    <!--此 appender 供开发使用,name 的属性值为以下引用,只配置最低等级,控制台输出的日
    志不低于该等级-->
        <filter class="ch.qos.logback.classic.filter.ThresholdFilter">
            <level>info</level>
        </filter>
</appender>
<!--  level 为 INFO 日志文件,时间滚动输出  -->
 < appender name=" INFO _ FILE" class ="ch. qos. logback. core. rolling. Rolling
 FileAppender">
    <!-- 正在记录的日志文件的路径及文件名 -->
        <file>${log.path}/sa_info.log</file>
        <!--日志文件输出格式-->
        <encoder><!--可具体设置,包括样式等 --></encoder>
        <!-- 日志记录器的滚动策略 -->
```

```
            <rollingPolicy class="ch.qos.logback.core.rolling.TimeBasedRollingPolicy">
            <!-- 每天的日志归档路径以及格式 -->
                <fileNamePattern>可定义文件名格式</fileNamePattern>
                <!--日志文档保留天数-->
                <maxHistory>15</maxHistory>
            </rollingPolicy>
            <!-- 此日志文档只记录 info 等级 -->
            <filter class="ch.qos.logback.classic.filter.LevelFilter">
                <level>info</level>
                <onMatch>ACCEPT</onMatch>
                <onMismatch>DENY</onMismatch>
            </filter>
        </appender>
        <!--其他级别,如 WARN 日志文件,略  -->
        <!-- 最终的策略 -->
        <!--多环境配置,Spring Profile 是 Spring 3 引入的概念,主要用在项目多环境运行的情况
    下,通过激活方式实现多环境切换,省去多环境切换时配置参数和文件的修改>
        以下开发环境:打印控制台-->
        <springProfile name="dev">
            <!--注意:以下是包名,一般是项目控制层的包名-->
            <logger name="包的全名" level="debug"/>
        </springProfile>
    <!--<root>声明<root>元素后,会关闭并移除全部当前 appender,只引用声明了的 appender。
    如果<root>元素没有引用任何 appender,就会失去所有 appender-->
        <root level="debug">
            <appender-ref ref="CONSOLE" />
            <appender-ref ref="DEBUG_FILE" />
            <appender-ref ref="INFO_FILE" />
        </root>
        <!--生产环境:输出到文档
        <springProfile name="pro">
            <root level="info">
                <appender-ref ref="CONSOLE" >
                <appender-ref ref="DEBUG_FILE" >
                <appender-ref ref="INFO_FILE" >
            若有定义,也可以引用以下 appender
                <appender-ref ref="ERROR_FILE"/>
                <appender-ref ref="WARN_FILE"/>
            </root>
        </springProfile> -->
</configuration>
```

10.8 本章小结

Spring Boot 是强大的 Java Web 项目开发工具。本章通过案例的介绍,使读者掌握构建 Web 项目的一般方法。当然,在开发领域,对于同一问题场景,有多种解决方案,采用的技术也不一样。在决定技术方案时,考量的重点并不是技术的先进性,而是工程性(可靠性、实用性)、经济性(成本性)等方面。通过本章的学习,应学会利用工程方法解决具体的工程问题。

参 考 文 献

［1］ 汪诚波. 网络程序设计 JSP［M］. 北京：清华大学出版社，2011.

［2］ 李绪成.Java Web 开发教程［M］. 北京：清华大学出版社，2012.

［3］ Bretet A. SpringMVC 实战［M］. 张龙，译. 北京：电子工业出版社，2017.

［4］ Caliskan M，Sevindik K. Spring 入门经典［M］. 王净，范园芳，田洪，译. 北京：清华大学出版社，2015.

［5］ 牛德雄，杨玉蓓. JavaEE(SSH 框架)软件项目开发案例教程［M］.北京：电子工业出版社，2016.

图 书 资 源 支 持

感谢您一直以来对清华版图书的支持和爱护。为了配合本书的使用，本书提供配套的资源，有需求的读者请扫描下方的"书圈"微信公众号二维码，在图书专区下载，也可以拨打电话或发送电子邮件咨询。

如果您在使用本书的过程中遇到了什么问题，或者有相关图书出版计划，也请您发邮件告诉我们，以便我们更好地为您服务。

我们的联系方式：

地　　址：北京市海淀区双清路学研大厦 A 座 714

邮　　编：100084

电　　话：010-83470236　010-83470237

客服邮箱：2301891038@qq.com

QQ：2301891038〔请写明您的单位和姓名〕

资源下载：关注公众号"书圈"下载配套资源。

资源下载、样书申请

书圈

获取最新书目

观看课程直播